ABHANDLUNGEN DER DEUTSCHEN AKADEMIE
DER WISSENSCHAFTEN ZU BERLIN

Klasse für Mathematik und allgemeine Naturwissenschaften
Jahrgang 1954 Heft 4

HELMUT HASSE

ZETAFUNKTION
UND L-FUNKTIONEN ZU EINEM ARITHMETISCHEN FUNKTIONENKÖRPER VOM FERMATSCHEN TYPUS

1955

AKADEMIE-VERLAG · BERLIN

Vorgelegt in der Gesamtsitzung vom 11. März 1954
Zum Druck genehmigt am gleichen Tage, ausgegeben am 10. November 1955

Erschienen im Akademie-Verlag GmbH., Berlin W 8, Mohrenstraße 39
Veröffentlicht unter der Lizenznummer 1218 des Amtes für Literatur und Verlagswesen
Satz und Druck: VEB Druckerei der Werktätigen, Halle
Bestell- und Verlagsnummer: 2001/54/I/4
Preis: 8,— DM
Printed in Germany

Inhalt

Einleitung

Es sei K ein algebraischer Funktionenkörper[1]) über einem algebraischen Zahlkörper K als Konstantenkörper. Wählt man ein festes über K transzendentes Element t aus K, und setzt man die Primdivisoren $\mathfrak{p}$ von K in nachher näher zu beschreibender Weise als t-Funktionalprimdivisoren von K fort, so erhält man aus dem Funktionenkörper K/K durch Restklassenbildung mod $\mathfrak{p}$ Kongruenzfunktionenkörper $K_{\mathfrak{p}}/\mathsf{K}_{\mathfrak{p}}$.

Gegen Ende der dreißiger Jahre hatte ich meinem damaligen, dann bald verstorbenen Schüler P. Humbert die Anregung gegeben, sich mit dem Produkt der Zetafunktionen $\zeta_{K_{\mathfrak{p}}}(s)$ dieser Kongruenzfunktionenkörper zu beschäftigen und insbesondere den Nachweis zu versuchen, daß dies Produkt, das man füglich als Zetafunktion $\zeta_K(s)$ des Funktionenkörpers K (allerdings noch abhängig von der Wahl von t) bezeichnen kann, eine meromorphe Funktion ist, die bei $s \to 2 - s$ einer Funktionalgleichung des geläufigen Typus genügt, wie man das für den Spezialfall des rationalen Funktionenkörpers $K = \mathsf{K}(t)$ ohne weiteres bestätigt.

Diese mir inzwischen durch die Ereignisse entfallene Anregung hat kürzlich A. Weil [25] wieder aufgegriffen. Er hat bewiesen, daß meine Vermutung für den Spezialfall derjenigen Funktionenkörper K zutrifft, die über K durch eine *Grundgleichung vom Fermatschen Typus* $\frac{u_1^{m_1}}{\gamma_1} + \frac{u_2^{m_2}}{\gamma_2} = 1$ mit natürlichen Exponenten m_1, m_2 und Koeffizienten $\gamma_1, \gamma_2 \neq 0$ aus K erzeugt werden, wobei die Transzendente $t = \frac{u_1^{m_1}}{\gamma_1} = 1 - \frac{u_2^{m_2}}{\gamma_2}$ gewählt wird. Und zwar stellt sich heraus, daß in diesem Falle die Zetafunktion $\zeta_K(s)$, von den Beiträgen endlich vieler Primdivisoren $\mathfrak{p}$ von K abgesehen, sich in bestimmter Weise durch die Zetafunktion $\zeta_{\mathsf{K}}(s)$ des Konstantenkörpers K und L-Funktionen $L_{\mathsf{K}}(s|\lambda)$ zu endlich vielen Heckeschen Größencharakteren λ in K darstellt.

Im Anschluß daran hat Deuring [5] ein zu dem Weilschen ganz analoges Ergebnis für den Spezialfall erhalten, daß K/K ein *elliptischer Funktionenkörper mit komplexem Multiplikatorenring* ist. Er stützt sich dabei grundsätzlich auf eine Formel aus meiner früheren Arbeit Hasse [7; S. 261 u.], beweist diese aber mit seiner neuen, abstrakten Methode Deuring [4] wesentlich einfacher und ohne die dortige Einschränkung.

In der vorliegenden Abhandlung soll zunächst für den allgemeinen Fall die obige formale Definition der Zetafunktion $\zeta_K(s)$, nach dem Vorbild der Zetafunktionsdefinition für Zahlkörper und Kongruenzfunktionenkörper, in der Arithmetik des Funktionenkörpers K verwurzelt werden. Diese tiefere Grundlegung soll dann dazu verwendet werden, das Weilsche Ergebnis für den Fermatschen Typus von den endlich vielen Ausnahmeprimdivisoren $\mathfrak{p}$ zu befreien. Schließlich sollen die von Weil ohne Beweis ausgesprochenen genaueren Angaben über die Führer der Größencharaktere λ bewiesen und in einigen Punkten ergänzt bzw. berichtigt werden.

Um den einfachen Kern dieser feineren arithmetischen Untersuchungen nicht mit zusätzlichen algebraischen und arithmetischen Komplikationen zu belasten, wird allerdings der von Weil behandelte allgemeine Fermatsche Typus auf den Spezialfall beschränkt,

[1]) Wo nichts anderes ausdrücklich gesagt ist, soll im folgenden unter einem algebraischen Funktionenkörper immer ein solcher vom Transzendenzgrad 1 über seinem Konstantenkörper verstanden sein, ebenso speziell auch im Falle eines Kongruenzfunktionenkörpers.

daß K die $[m_1, m_2]$-ten Einheitswurzeln enthält und daß die Koeffizienten $\gamma_1, \gamma_2 = 1$ sind. Beide Forderungen können durch Übergang von K zu der endlich-algebraischen Erweiterung $\mathsf{K}(\sqrt[m_1]{1}, \sqrt[m_2]{1}, \sqrt[m_1]{\gamma_1}, \sqrt[m_2]{\gamma_2})$ erfüllt werden. Die nachträgliche Beseitigung dieser Einschränkungen bietet dann keine grundsätzlichen Schwierigkeiten.

Mit der Behandlung des wie angegeben festgelegten speziellen Fermatschen Typus soll ein einerseits hinreichend einfaches und andererseits weitestmöglich abgeschlossenes Vorbild geschaffen werden, an dem sich eine allgemeine Theorie der hier aufgeworfenen und weiterer Fragestellungen aus diesem neuen Gebiet der Arithmetik orientieren und fortentwickeln kann. Ein solches Vorbild ist deshalb erwünscht, weil dem Aufbau einer den allgemeinen Fall erfassenden Theorie bei dem heutigen Stand unserer Erkenntnis noch beträchtliche Schwierigkeiten entgegenstehen. Insbesondere ist man noch weit entfernt von einem tieferen Verständnis für das Auftreten der L-Funktionen mit Heckeschen Größencharakteren in den angeführten Spezialfällen und von einer Verallgemeinerung dieser Ergebnisse auf beliebige algebraische Funktionenkörper K mit endlich-algebraischem Konstantenkörper K.

I. Allgemeine Grundlagen

§ 1. Arithmetische Funktionenkörper

1. In zwei Klassen von Körpern läßt sich eine Arithmetik entwickeln, die weitgehend zur Arithmetik im rationalen Zahlkörper P analog ist. Es sind das:

(A.) Die *algebraischen Zahlkörper*, d. h. die endlich-algebraischen Erweiterungen K/P des rationalen Zahlkörpers P.

(B.) Die *Kongruenzfunktionenkörper*, d. h. die endlich-algebraischen Erweiterungen $K/\Omega(t)$ des rationalen Funktionenkörpers $\Omega(t)$ einer Unbestimmten t über einem endlichen Körper Ω.

Der Aufbau der Arithmetik in diesen beiden Körperklassen erfolgt, wenn man die Analogie hervortreten lassen will, zweckmäßig auf der Grundlage der *Bewertungstheorie.* Die Arithmetik fußt dann wesentlich auf den folgenden Endlichkeitseigenschaften des *vollständigen Systems der (nicht-äquivalenten) nicht-archimedischen Bewertungen* $w_\mathfrak{p}$ von K bzw. K:

(I.) Die *Bewertungen* $w_\mathfrak{p}$ sind sämtlich *diskret*; ihnen sind dann eindeutig Primdivisoren $\mathfrak{p}$ von K bzw. K zugeordnet, und diese werden, wenn auch zunächst mittels der Bewertungen definiert, zugunsten einer arithmetischen Ausdrucksweise als Grundbegriff genommen.

(II.) Für jedes Element $a \neq 0$ aus K bzw. K sind *nur endlich viele Werte* $w_\mathfrak{p}(a) \neq 0$; arithmetisch ausgedrückt: in a stecken nur endlich viele Primdivisoren $\mathfrak{p}$ von K bzw. K.

(III.) Die *Restklassenkörper* $\mathsf{K}_\mathfrak{p}$ bzw. $K_\mathfrak{p}$ sind durchweg *endlich.*

Hat umgekehrt ein Körper K/P bzw. ein nicht-algebraischer Körper K/Ω die Eigenschaften (I.), (II.), (III.), so gehört er der Körperklasse (A.) bzw. (B.) an.[1])

In Körpern, die nicht einer der beiden Klassen (A.), (B.) angehören, bestehen demnach, wenn sich überhaupt eine Arithmetik auf bewertungstheoretischer Grundlage aufbauen läßt, notwendig Abweichungen in den Gesetzlichkeiten über Primdivisorzerlegung, Ganzheit, Einheiten, Kongruenzen. Diese Abweichungen können nur wenig einschneidend sein, wie etwa für die algebraischen Funktionenkörper K über einem unendlichen Konstantenkörper Ω, wo bei Beschränkung auf diejenigen Bewertungen von K, die Ω identisch bewerten, also auf die Relativarithmetik von K/Ω, nur die Eigenschaft (III.) nicht mehr erfüllt ist, aber die Arithmetik in wesentlichen Zügen noch mit der Arithmetik in den Körperklassen (A.), (B.) übereinstimmt. Sie können aber auch, wie in der gleich zu besprechenden Klasse von Körpern K, für die neben (III.) auch (II.) nicht mehr gilt, so einschneidend sein, daß die Arithmetik ein völlig neuartiges Gepräge bekommt.

2. In den beiden Körperklassen (A.), (B.) werden die (nicht-äquivalenten) nicht-archimedischen Bewertungen $w_\mathfrak{p}$, oder also die ihnen zugeordneten Primdivisoren $\mathfrak{p}$, nach folgendem Schema erhalten. Man geht aus von dem rationalen Teilkörper

$$\mathsf{P} \qquad \text{bzw.} \qquad \Omega(t).$$

[1]) Zu alledem und auch zu den anschließenden Ausführungen siehe Hasse [9; § 20].

In ihm entsprechen die (nicht-äquivalenten) nicht-archimedischen Bewertungen $w_{\mathfrak{p}}$ eineindeutig den

$$\text{Primzahlen } p \qquad \text{bzw.} \qquad \text{Primpolynomen } p = p(t),$$

wobei im letzteren Falle unter die Primpolynome p auch $p(t) = \frac{1}{t}$ als (lokales) Primelement zu einer Bewertung einzubeziehen ist. Auf die endlich-algebraische Erweiterung

$$\mathsf{K}/\mathsf{P} \qquad \text{bzw.} \qquad K/\Omega(t)$$

wendet man dann die allgemeine Fortsetzungstheorie der Bewertungen oder also in arithmetischer Ausdrucksweise die Zerlegungstheorie der Primdivisoren an. So erhält man, jedem p zugeordnet, endlich viele Bewertungen $w_{\mathfrak{p}}$ und damit Primdivisoren $\mathfrak{p}$ mit bestimmten Verzweigungsordnungen und Restklassengraden.

Als nächsteinfachere Körperklasse bietet sich eine solche dar, bei der Primdivisoren jedes dieser beiden Typen

$$\mathfrak{p} \text{ zu Primzahl } p, \qquad \mathfrak{p} \text{ zu Primpolynom } p(t)$$

vorkommen. Grundtypus einer solchen Körperklasse ist der Körper

$$R^{(0)} = \mathsf{P}(t)$$

der rationalen Funktionen einer Unbestimmten t über dem rationalen Zahlkörper P. In ihm hat man (bei fester Wahl von t) eindeutige Primelementzerlegung mit den Primelementen

$$\text{Primzahlen } p, \qquad \text{primitive Primpolynome } P(t)$$

und den zugeordneten Restklassenkörpern

$$R_p^{(0)} = \mathsf{P}_p(t), \qquad R_P^{(0)} = \mathsf{P}(\vartheta) \text{ mit } P(\vartheta) = 0$$

(einfachster Kongruenzfunktionenkörper) (allgemeinster algebraischer Zahlkörper).

Durch endlich-algebraische Erweiterung erhält man hieraus die Klasse der Körper

K endlich-algebraischer Erweiterungskörper von $R^{(0)} = \mathsf{P}(t)$,

oder also

$K = \mathsf{P}(t, u)$ mit irreduzibler Grundgleichung $f^{(0)}(t, u) = 0$ über P, d. h. der algebraischen Funktionenkörper K über dem rationalen Zahlkörper P. Diese Körper K seien *arithmetische Funktionenkörper* genannt.

Die vorgenommene endlich-algebraische Erweiterung zerfällt im allgemeinen in einen ersten Schritt, der nur P zu einem bestimmten algebraischen Zahlkörper K erweitert (Grundgleichung von t unabhängig) und einen zweiten Schritt, bei dem keine weiteren absolut-algebraischen Elemente hinzukommen (Grundgleichung in t, u absolut-irreduzibel). Man nennt dann K den *Konstantenkörper* von K und schreibt die Erzeugung in der Form:

K endlich-algebraischer Erweiterungskörper von $R = \mathsf{K}(t)$ mit K als Konstantenkörper (K algebraisch-abgeschlossen in K),

oder also

$K = \mathsf{K}(t, u)$ mit absolut-irreduzibler Grundgleichung $f(t, u) = 0$ über K, d. h. es ist *K algebraischer Funktionenkörper über einem algebraischen Zahlkörper K als Konstantenkörper.*

3. Die Arithmetik in einem so definierten arithmetischen Funktionenkörper K wird dadurch bestimmt, daß man sowohl im Konstantenkörper K einen Ganzheitsbegriff hat, nämlich den der ganzen algebraischen Zahl, als auch im Funktionenkörper K/K, nämlich den der Ganzheit in der Transzendenten t. Letzterer liegt allerdings erst nach Auszeichnung einer Transzendenten t fest, ist also nicht birational-invariant. Die Bewertungstheorie führt jedoch durch Einbeziehung von $P(t) = \frac{1}{t}$ unter die primitiven Primpolynome über P zu einem birational-invarianten Aufbau der Relativarithmetik von K/K.

Die Schwierigkeiten für den Aufbau einer Arithmetik von K selbst liegen darin, daß diese bekannte Relativarithmetik von K/K mit der Arithmetik von K zu kombinieren ist. Was das bedeutet, kann man sich am besten klarmachen, indem man als Konstantenkörper statt des algebraischen Zahlkörpers K mit seiner aus den Primzahlen p entspringenden Arithmetik einen algebraischen Funktionenkörper K/Ω (über einem beliebigen Körper Ω) mit seiner aus den Primpolynomen $p(x)$ einer Unbestimmten x über Ω entspringenden Arithmetik gesetzt denkt. Man hat dann einen Körper vom Typus:

K endlich-algebraischer Erweiterungskörper des rationalen Funktionenkörpers $\Omega(x, t)$ von zwei unabhängigen Unbestimmten x, t,

d. h. einen algebraischen Funktionenkörper K/Ω vom Transzendenzgrad 2. Man weiß, daß in diesem Falle der geläufige bewertungstheoretische Aufbau der Arithmetik versagt, daß vielmehr für die Arithmetik von K/Ω wesentlich kompliziertere Verhältnisse als in den beiden Körperklassen (A.), (B.) vorliegen. Komplikationen der gleichen Art ergeben sich auch bei den arithmetischen Funktionenkörpern K. Genau wie bei den ersteren Körpern K/Ω, mit zwei unabhängigen Transzendenten x, t über Ω, ist auch bei den letzteren Körpern K, mit nur einer unabhängigen Transzendenten t und statt der anderen einer Arithmetik im algebraischen Konstantenkörper K, ein birational-invarianter Aufbau der Arithmetik bisher nicht möglich. Man muß sich vielmehr wesentlich auf eine ausgezeichnete Transzendente t stützen, wenn man die von dieser Auszeichnung unabhängige, birational-invariante Relativarithmetik von K/K mit der Arithmetik von K zu einer Arithmetik von K selbst kombinieren will.

§ 2. Primdivisoren und Punkte

1. Nach dem Vorbild der Arithmetik in algebraischen Zahlkörpern und Kongruenzfunktionenkörpern (allgemeiner auch der Relativarithmetik in algebraischen Funktionenkörpern) wird man für den Aufbau der Arithmetik in einem arithmetischen Funktionenkörper K zunächst nach den *Primdivisoren* von K fragen. Man erhält diese durch Betrachtung der nicht-archimedischen Bewertungen von K, und zwar der Bewertungen im gewöhnlichen Sinne, d. h. mit einer Wertgruppe aus reellen Zahlen.

Diese Bewertungen zerfallen in zwei Sorten, je nachdem der Konstantenkörper K identisch oder nicht-identisch bewertet ist.

Den Bewertungen der ersten Sorte, also denen von K/K, entsprechen eineindeutig die Primdivisoren $\mathfrak{P}$ der bekannten Relativarithmetik von K/K. Sie seien die *algebraischen Primdivisoren von K* genannt. Bei einem zweistufigen Aufbau

$$R = \mathsf{K}(t) \text{ rein-transzendent}, \qquad K/R \text{ endlich-algebraisch}$$

entspringen diese algebraischen Primdivisoren $\mathfrak{P}$ aus den Primpolynomen $P(t)$ $\left(\text{nebst } \frac{1}{t}\right)$ über K durch Primdivisorzerlegung in K/R der diesen zugeordneten Primdivisoren von R/K. Ihre *Restklassenkörper* $K_{\mathfrak{P}}$ sind endlich-algebraische Erweiterungen des Konstantenkörpers K, also *algebraische Zahlkörper*.

Den Bewertungen der **zweiten Sorte** liegen die durch sie jeweils eindeutig bestimmten Primdivisoren $\mathfrak{p}$ von K zugrunde, und es handelt sich, wenn man von einem solchen ausgeht, um dessen Fortsetzungen, zunächst auf die rein-transzendente Erweiterung R/K und dann auf die endlich-algebraische Erweiterung K/R.

Für den **ersten Schritt** R/K stehen unendlich viele, schwer übersehbare Möglichkeiten zur Verfügung, die von OSTROWSKI [17; III] genauer untersucht wurden. Unter ihnen hebt sich aber, wenn man nicht nur den rationalen Teilkörper $R = \mathsf{K}(t)$ sondern schärfer dessen erzeugende Transzendente t auszeichnet, jeweils eine durch den Primdivisor $\mathfrak{p}$ von K eindeutig bestimmte Möglichkeit hervor, nämlich die Fortsetzung von $\mathfrak{p}$ als sogenannter *t-Funktionalprimdivisor von R*. Bei dieser in HASSE [9; § 11] ausführlich behandelten Fortsetzung gelten die folgenden Aussagen, in denen $F(t)$, $G(t)$ Polynome in t über K bedeuten:

$$\mathfrak{p}\text{-Potenz in } F(t) \quad = \quad \text{höchste } \mathfrak{p}\text{-Potenz in den Koeffizienten von } F(t),$$

$$\mathfrak{p}\text{-Potenz in } \frac{F(t)}{G(t)} \quad = \quad \frac{\mathfrak{p}\text{-Potenz in } F(t)}{\mathfrak{p}\text{-Potenz in } G(t)},$$

$$F(t) \text{ ganz für } \mathfrak{p} \quad \leftrightarrow \quad \text{Koeffizienten von } F(t) \text{ ganz für } \mathfrak{p},$$

$$F(t) \text{ Einheit für } \mathfrak{p} \quad \leftrightarrow \quad \text{Koeffizienten von } F(t) \text{ teilerfrei für } \mathfrak{p} \;\big(F(t) \text{ primitiv für } \mathfrak{p}\big),$$

$$F(t) \equiv G(t) \bmod \mathfrak{p} \quad \leftrightarrow \quad \text{entsprechende Koeffizienten von } F(t), G(t) \text{ kongruent mod } \mathfrak{p}.$$

Begrifflich sind diese t-Funktionalprimdivisoren $\mathfrak{p}$ von R unter allen möglichen Fortsetzungen auf R der Primdivisoren $\mathfrak{p}$ von K am einfachsten durch die Forderung gekennzeichnet, daß die Transzendenzeigenschaft von t über K, nämlich

$$1, t, t^2, \ldots\ldots \text{ sind linear-unabhängig über } \mathsf{K},$$

auch bei Übergang zu den Resten mod $\mathfrak{p}$ erhalten bleiben soll, also

$$1, t, t^2, \ldots\ldots \text{ sind ganz für } \mathfrak{p} \text{ und mod } \mathfrak{p} \text{ linear-unabhängig über } \mathsf{K}_{\mathfrak{p}}.$$

Es ist demnach der Restklassenkörper

$$R_{\mathfrak{p}} = \mathsf{K}_{\mathfrak{p}}(t)$$

der rationale Kongruenzfunktionenkörper in t über dem endlichen Restklassenkörper $\mathsf{K}_{\mathfrak{p}}$.

Für den **zweiten Schritt** K/R gilt die gewöhnliche Theorie der Primdivisorzerlegung. Sie liefert für jeden t-Funktionalprimdivisor $\mathfrak{p}_0$ von R eine Zerlegung in endlich viele *t-Funktionalprimdivisoren* $\mathfrak{p}$ *von* K, mit bestimmten Restklassengraden und Verzweigungsordnungen. Diese t-Funktionalprimdivisoren $\mathfrak{p}$ von K seien auch die *arithmetischen Primdivisoren von* K genannt. Ihre *Restklassenkörper* $K_{\mathfrak{p}}$ sind endlich-algebraische Erweiterungen der eben genannten rationalen Kongruenzfunktionenkörper $R_{\mathfrak{p}}$, also wieder Kongruenzfunktionenkörper; dabei ist der Konstantenkörper $\tilde{\mathsf{K}}_{\mathfrak{p}}$ von $K_{\mathfrak{p}}$ im allgemeinen eine endlich-algebraische Erweiterung des Restklassenkörpers $\mathsf{K}_{\mathfrak{p}}$ von K.

Schematisch zusammengestellt hat man demnach für die Restklassenkörper der beiden Primdivisorsorten:

Arithmetischer Funktionenkörper K	mod algebraischem Primdivisor $\mathfrak{P}$ →	algebraischer Zahlkörper $K_{\mathfrak{P}}$ über K
	mod arithmetischem Primdivisor $\mathfrak{p}$ →	Kongruenzfunktionenkörper $K_{\mathfrak{p}}$ über $\mathsf{K}_{\mathfrak{p}}$ (Konstantenkörper $\tilde{\mathsf{K}}_{\mathfrak{p}}$).

Das so bei Auszeichnung einer Transzendenten t eindeutig festgelegte Primdivisorsystem $\mathfrak{P}$, $\mathfrak{p}$ von K besteht zwar nicht aus allen überhaupt vorhandenen Primdivisoren von K — die arithmetischen Primdivisoren $\mathfrak{p}$ von K sind ja durch eine sehr einengende Auswahlvorschrift festgelegt —, reicht aber zur Beschreibung der arithmetischen Eigenschaften der Elemente von K aus. Für den in § 1, 2 zum Ausgang genommenen Grundtypus $R^{(0)} = \mathsf{P}(t)$ eines arithmetischen Funktionenkörpers entspricht es ja genau den (nicht-assoziierten) primitiven Primpolynomen $P(t)$ über P nebst den Primzahlen p aus P, also den sämtlichen Primelementen der geläufigen eindeutigen Primelementzerlegung in $R^{(0)} = \mathsf{P}(t)$, wobei zu den $P(t)$ noch das der Bewertung durch den negativen Grad in t entsprechende (lokale) Primelement $\frac{1}{t}$ hinzuzunehmen ist, und für den allgemeinen Typus K ergibt sich daraus, daß die Elemente von K durch ihre Primdivisorzerlegung nach dem System $\mathfrak{P}$, $\mathfrak{p}$ eindeutig bis auf Einheitsfaktoren aus dem Konstantenkörper K festgelegt sind.

Was die *Abhängigkeit des Primdivisorsystems* $\mathfrak{P}$, $\mathfrak{p}$ *von* K *von der Wahl der Transzendenten* t betrifft, so wird diese für die algebraischen Primdivisoren $\mathfrak{P}$ von K, wie bekannt und schon gesagt, durch Hinzunahme von $\frac{1}{t}$ zu den primitiven Primpolynomen $P(t)$ über P beseitigt. Die arithmetischen Primdivisoren $\mathfrak{p}$ von K sind jedoch in schwer zu übersehender Weise von der Wahl von t abhängig. Für den Grundtypus $R^{(0)} = \mathsf{P}(t)$ bleibt ein einzelner arithmetischer Primdivisor $\mathfrak{p}$, wie leicht zu sehen, genau bei denjenigen Automorphismen von $R^{(0)}$ ungeändert, deren erzeugende linear-gebrochene Substitutionen in t über P unimodular für $\mathfrak{p}$ sind.

Eine der Grundaufgaben für den Aufbau der Arithmetik in K auf der vorstehenden Grundlage ist die Herleitung des genauen *Zerlegungsgesetzes für die arithmetischen Primdivisoren*, also die t-Funktionalprimdivisoren $\mathfrak{p}$ von R in solche von K. In dieser Hinsicht hat Deuring [3] folgendes bewiesen.[1])

Fast alle $\mathfrak{p}$ von R bleiben in K unzerlegt und unverzweigt, sind also rein-träge, d. h. erhöhen lediglich ihre Restklassenkörper $R_{\mathfrak{p}} = \mathsf{K}_{\mathfrak{p}}(t)$ auf endlich-algebraische Erweiterungen $K_{\mathfrak{p}}/R_{\mathfrak{p}}$. Für fast alle $\mathfrak{p}$ stimmt ferner der Konstantenkörper $\tilde{\mathsf{K}}_{\mathfrak{p}}$ des Kongruenzfunktionenkörpers $K_{\mathfrak{p}}$ mit dem Restklassenkörper $\mathsf{K}_{\mathfrak{p}}$ des Konstantenkörpers K von K überein, bleibt nämlich eine Erzeugung.

$$K = \mathsf{K}(t, u) \text{ mit absolut-irreduziblem } f(t, u) = 0 \text{ über } \mathsf{K}$$

auch mod $\mathfrak{p}$ absolut-irreduzibel über $\mathsf{K}_{\mathfrak{p}}$. Für fast alle $\mathfrak{p}$ stimmt schließlich das Geschlecht $g_{\mathfrak{p}}$ des Kongruenzfunktionenkörpers $K_{\mathfrak{p}}$ mit dem Geschlecht g des algebraischen Funktionenkörpers K überein.

Für den Aufbau einer abgerundeten und leistungsfähigen Arithmetik in einem arithmetischen Funktionenkörper K wird man aber über die Feststellung hinaus, daß sich fast alle arithmetischen Primdivisoren $\mathfrak{p}$ von R in diesem Sinne *regulär* in K verhalten, auch das genaue Zerlegungsverhalten der endlich vielen in K *irregulären* arithmetischen Primdivisoren $\mathfrak{p}$ von R benötigen. Eine allgemeine Untersuchung darüber erscheint mir als eine zwar nicht leichte, aber doch lohnende Aufgabe.

2. Ebenso wie man in der Theorie der algebraischen Funktionenkörper K/Ω vom Transzendenzgrad 2, erzeugt als

$$\text{(I.)}\quad \left\{\begin{matrix} K \text{ endlich-algebraisch über } \mathsf{K}(t), & \mathsf{K} \text{ endlich-algebraisch über } \Omega(x) \\ (\mathsf{K} \text{ algebraisch-abgeschlossen in } K) & (\Omega \text{ algebraisch-abgeschlossen in } \mathsf{K}) \end{matrix}\right\},$$

die schon in § 1, 3 zur Analogie herangezogen wurde, mit den Primdivisoren allein nicht auskommt, sondern wesentlich auch die *Punkte* braucht, wird man in der Theorie der arithmetischen Funktionenkörper K, erzeugt als

$$\text{(II.)}\quad \left\{\begin{matrix} K \text{ endlich-algebraisch über } \mathsf{K}(t), & \mathsf{K} \text{ endlich-algebraisch über } \mathsf{P} \\ (\mathsf{K} \text{ algebraisch-abgeschlossen in } K) & \end{matrix}\right\},$$

---

[1]) Die erste der folgenden Aussagen geht bereits auf Eichler [6] zurück und war, wie Deuring l. c. bemerkt, auch schon Ostrowski und E. Noether bekannt.

mit den vorstehend festgelegten algebraischen und arithmetischen Primdivisoren $\mathfrak{P}$, $\mathfrak{p}$ allein nicht auskommen, sondern ein Analogon zu den Punkten brauchen.

Zum besseren Verständnis sei die Analogie zwischen den beiden Körperklassen (I.), (II.) zunächst für die Primdivisoren durchgeführt.

Bei der Körperklasse (I.) entsteht ein ausreichendes System von Primdivisoren von K/Ω durch Primdivisorzerlegung aus den Primpolynomen $p(x, t)$ $\left(\text{einschl. } \frac{1}{x}, \frac{1}{t}\right)$ des rationalen Teilkörpers $R = \Omega(x, t)$ von K, und zwar erhält man das Analogon zu den vorstehend für die Körperklasse (II.) definierten

algebraischen $\mathfrak{P}$ aus den $p(x, t)$, die t wirklich enthalten $\left(\text{einschl. } \frac{1}{t}\right)$,

arithmetischen $\mathfrak{p}$ aus den $p(x)$, die t nicht enthalten $\left(\text{einschl. } \frac{1}{x}\right)$,

durch Primdivisorzerlegung.

Diese Einteilung der Primdivisoren von K/Ω in algebraische und arithmetische bevorzugt, wie die Erzeugung (I.), die Transzendente t vor x, trägt also nicht der Tatsache Rechnung, daß man die Rollen von x und t miteinander vertauschen kann, wie das in der symmetrischen Erzeugung

(I′.) K endlich-algebraisch über $R = \Omega(x, t)$

zum Ausdruck kommt. Will man diese Symmetrie wahren, so muß man unter den bei Bevorzugung von t algebraischen Primdivisoren noch diejenigen als besondere Sorte hervorheben, die aus den x nicht enthaltenden Primpolynomen $q(t)$ $\left(\text{einschl. } \frac{1}{t}\right)$ entspringen, die also bei der x bevorzugenden Erzeugung

K endlich-algebraisch über $\Lambda(x)$, Λ endlich-algebraisch über $\Omega(t)$
(Λ algebraisch-abgeschlossen in K) (Ω algebraisch-abgeschlossen in Λ)

arithmetische Primdivisoren sind. Man redet übrigens in diesem Falle nicht von algebraischen und arithmetischen, sondern von nicht-konstanten, x-konstanten und t-konstanten Primdivisoren.

Bei der Körperklasse (II.) besteht keine derartige Symmetrie. Man kann ja nicht die ganz heterogenen Rollen von t und K als Träger je einer Arithmetik miteinander vertauschen. Vielmehr hat hier K als der Konstantenkörper von K von vornherein eine bevorzugte Bedeutung, und man hat einen dadurch invariant festgelegten zweistufigen Aufbau, bestehend aus einer unteren, arithmetischen Stufe K und einer oberen, algebraischen Stufe K/K.

Diese Unsymmetrie macht sich auch geltend, wenn man den Punktbegriff für die Körperklasse (II.) in Analogie zur Körperklasse (I.) festlegen will.

Bei der Körperklasse (I.) werden die Punkte von K/Ω in der algebraischen Geometrie, von einer symmetrischen Erzeugung (I′.) ausgehend, als die relationstreuen Fortsetzungen auf K der Spezialisierungen der Transzendenzbasis x, t von K/Ω zu über Ω algebraischen Elementen ξ, τ (einschl. ∞) definiert. Man kann das statt durch relationstreue Spezialisierungen auch durch Homomorphismen ausdrücken. Durch die Einsetzungen $x \to \xi$, $t \to \tau$ werden Homomorphismen des rationalen Teilkörpers $R = \Omega(x, t)$ auf endlich-algebraische Erweiterungen $\Omega(\xi, \tau)$ von Ω erzeugt, und zwar Homomorphismen in dem allgemeineren Sinne, daß neben bestimmt abgebildeten Elementen auch solche wie $\frac{x - \xi}{t - \tau}$ ohne bestimmtes Bildelement vorkommen. Diese Homomorphismen von R/Ω setzen sich dann, analog zur Primdivisorzerlegung, auf je endlich viele Weisen zu Homomorphismen von K/Ω auf endlich-algebraische Erweiterungen von Ω fort. Für das hier verfolgte Ziel ist es zweckmäßig, den Punktbegriff so festzulegen, daß es bei den Homomorphismen auf Isomorphismen des Bildkörpers, also auf die Unterscheidung über Ω konjugierter Abbildungen nicht ankommt.

Für die beabsichtigte Analogisierung des Punktbegriffs muß man nach dem zuvor Bemerkten zunächst dies auf die symmetrische Erzeugung (I'.) gestützte Definitionsschema der Punkte von K/Ω ausgehend von der unsymmetrischen, zweistufigen Erzeugung (I.) beschreiben. Dabei kann man sich auf die bekannte Tatsache stützen, daß bei einem algebraischen Funktionenkörper vom Transzendenzgrad 1, wie er in den beiden Stufen von (I.) vorliegt, die Homomorphismen auf endlich-algebraische Erweiterungen des Konstantenkörpers bei Nichtunterscheidung konjugierter eineindeutig den Primdivisoren als deren Restabbildungen entsprechen. Hieraus ergibt sich die folgende zweistufige Beschreibung der Punkte von K/Ω durch Primdivisoren.

Der Fortsetzung der Einsetzung $x \to \xi$ auf die endlich-algebraische Erweiterung $\mathsf{K}/\Omega(x)$ entspricht ein Primdivisor $\mathfrak{p}_0$ von K/Ω, der aus dem Primpolynom $p(x)\left(\text{ev. } \frac{1}{x}\right)$ über Ω mit $p(\xi) = 0$ entspringt, und der hier als t-Funktionalprimdivisor von $\mathsf{K}(t)/\Omega$ aufzufassen ist. Der weiteren Fortsetzung der Einsetzung $x \to \xi$ auf die endlich-algebraische Erweiterung $K/\mathsf{K}(t)$ entspricht dann ein aus $\mathfrak{p}_0$ durch Primdivisorzerlegung entspringender t-Funktionalprimdivisor $\mathfrak{p}$ von K/Ω. Der Restklassenkörper $K_\mathfrak{p}$ entsteht dabei aus dem Teilkörper $\mathsf{K}_\mathfrak{p} = \mathsf{K}_{\mathfrak{p}_0}$ als eine endlich-algebraische Erweiterung $K_\mathfrak{p}/\mathsf{K}_\mathfrak{p}(t)$, also als ein algebraischer Funktionenkörper $K_\mathfrak{p}/\mathsf{K}_\mathfrak{p}$, dessen Konstantenkörper $\tilde{\mathsf{K}}_\mathfrak{p}$ im allgemeinen eine endlich-algebraische Erweiterung von $\mathsf{K}_\mathfrak{p}$ ist.

Dem Hinzunehmen der zweiten Einsetzung $t \to \tau$ und ihrer Fortsetzung auf die endlich-algebraische Erweiterung $K/\mathsf{K}(t)$, die durch die erste Einsetzung in $K_\mathfrak{p}/\tilde{\mathsf{K}}_\mathfrak{p}(t)$ übergegangen ist, entspricht weiter ein Primdivisor $\mathfrak{P}_\mathfrak{p}$ von $K_\mathfrak{p}/\tilde{\mathsf{K}}_\mathfrak{p}$, der aus dem Primpolynom $q(t)\left(\text{ev. } \frac{1}{t}\right)$ über $\tilde{\mathsf{K}}_\mathfrak{p}$ mit $q(\tau) = 0$ entspringt. Der Restklassenkörper $K_{\mathfrak{p},\,\mathfrak{P}_\mathfrak{p}}$ ist dabei eine endlich-algebraische Erweiterung von $\tilde{\mathsf{K}}_\mathfrak{p}$.

Umgekehrt liefert jedes derartige Primdivisorpaar

$\mathfrak{p}$ ein t-Funktionalprimdivisor von K/Ω, (aus einem Primdivisor von K/Ω entspringend)	Restklassenkörper $K_\mathfrak{p}/\mathsf{K}_\mathfrak{p}$ (algebraischer Funktionenkörper über dem Restklassenkörper $\mathsf{K}_\mathfrak{p}$ von K, Konstantenkörper $\tilde{\mathsf{K}}_\mathfrak{p}$)
$\mathfrak{P}_\mathfrak{p}$ ein Primdivisor von $K_\mathfrak{p}/\tilde{\mathsf{K}}_\mathfrak{p}$,	Restklassenkörper $K_{\mathfrak{p},\,\mathfrak{P}_\mathfrak{p}}$ (endlich-algebraisch über Ω)

durch seine Restabbildungen

$$K \xrightarrow[\text{mod } \mathfrak{p}]{} K_\mathfrak{p} \xrightarrow[\text{mod } \mathfrak{P}_\mathfrak{p}]{} K_{\mathfrak{p},\,\mathfrak{P}_\mathfrak{p}}$$

einen Homomorphismus von K/Ω auf eine endlich-algebraische Erweiterung von Ω, also einen Punkt von K/Ω.

Bei der Körperklasse (II.) ergibt sich hiernach als sinngemäße Definition der *Punkte von K in bezug auf die ausgezeichnete Transzendente t* das folgende analoge Schema:

$\mathfrak{p}$ ein t-Funktionalprimdivisor von K, (aus einem Primdivisor von K entspringend)	Restklassenkörper $K_\mathfrak{p}/\mathsf{K}_\mathfrak{p}$ (Kongruenzfunktionenkörper über dem Restklassenkörper $\mathsf{K}_\mathfrak{p}$ von K, Konstantenkörper $\tilde{\mathsf{K}}_\mathfrak{p}$)
$\mathfrak{P}_\mathfrak{p}$ ein Primdivisor von $K_\mathfrak{p}/\tilde{\mathsf{K}}_\mathfrak{p}$,	Restklassenkörper $K_{\mathfrak{p},\,\mathfrak{P}_\mathfrak{p}}$ (endlicher Körper)

$$K \xrightarrow[\text{mod } \mathfrak{p}]{} K_\mathfrak{p} \xrightarrow[\text{mod } \mathfrak{P}_\mathfrak{p}]{} K_{\mathfrak{p},\,\mathfrak{P}_\mathfrak{p}}$$

Die so als zweistufige Restabbildungen von K erklärten Punkte von K können auch einfach als die Primdivisorpaare $(\mathfrak{p}, \mathfrak{P}_\mathfrak{p})$ aufgefaßt werden, wo $\mathfrak{p}$ alle arithmetischen Primdivisoren von K und $\mathfrak{P}_\mathfrak{p}$ jeweils alle Primdivisoren des als Restklassenkörper zugeordneten Kongruenzfunktionenkörpers $K_\mathfrak{p}$ (in bezug auf dessen Konstantenkörper $\tilde{\mathsf{K}}_\mathfrak{p}$) durchläuft. Bei der Restabbildung mod $(\mathfrak{p}, \mathfrak{P}_\mathfrak{p})$ werden (zum mindesten) die $\mathfrak{p}$-ganzen Elemente aus K bestimmt abgebildet, nämlich auf Elemente aus $K_{\mathfrak{p}, \mathfrak{P}_\mathfrak{p}}$ oder ∞, je nachdem das Bildelement mod $\mathfrak{p}$ in $K_\mathfrak{p}$ ganz für $\mathfrak{P}_\mathfrak{p}$ ist oder nicht.

Nach einer brieflichen Ankündigung von ROQUETTE lassen sich die in dieser Weise festgelegten Punkte $(\mathfrak{p}, \mathfrak{P}_\mathfrak{p})$ von K auch auf bewertungstheoretischer Grundlage definieren, nämlich mittels der von KRULL [14] behandelten allgemeinen nicht-archimedischen Bewertungen von K, deren Wertgruppe nicht-archimedisch ist. Der Zweistufigkeit von K entsprechend hat man es dabei im vorliegenden Falle mit einer zweistufig nicht-archimedischen Wertgruppe zu tun, deren Elemente also isomorph durch reelle Zahlpaare in lexikographischer Anordnung darstellbar sind, in Verallgemeinerung der gewöhnlichen nicht-archimedischen Bewertungen, bei denen die Wertgruppe aus reellen Zahlen besteht.

§ 3. Die Zetafunktion

1. In einem algebraischen Zahlkörper K hat man für die Zetafunktion $\zeta_\mathsf{K}(s)$ zwei Definitionen, die auf Grund der eindeutigen Primdivisorzerlegung in K miteinander identisch sind, nämlich als

Dirichletsche Reihe $$\zeta_\mathsf{K}(s) = \sum_\mathfrak{g} \frac{1}{\mathfrak{N}(\mathfrak{g})^s},$$

Eulersches Produkt $$\zeta_\mathsf{K}(s) = \prod_\mathfrak{p} \frac{1}{1 - \frac{1}{\mathfrak{N}(\mathfrak{p})^s}},$$

wobei $\mathfrak{g}$ alle ganzen Divisoren, $\mathfrak{p}$ alle Primdivisoren von K durchläuft und $\mathfrak{N}$ die Absolutnorm, definiert als die Restklassenanzahl mod $\mathfrak{g}$ bzw. mod $\mathfrak{p}$ in K, bezeichnet.

In einem arithmetischen Funktionenkörper K sind nun für die Primdivisoren die Restklassenanzahlen unendlich, weil ja nach § 2, **1** für die

algebraischen $\mathfrak{P}$ die Restklassenkörper $K_\mathfrak{P}$ algebraische Zahlkörper,
arithmetischen $\mathfrak{p}$ die Restklassenkörper $K_\mathfrak{p}$ Kongruenzfunktionenkörper

sind, daher läßt sich die obige Definition der Zetafunktion von K jedenfalls nicht mittels der Primdivisoren von K analogisieren.

Dagegen haben die Punkte von K endliche Restklassenanzahlen, weil ja nach § 2, **2** für die

Punkte $(\mathfrak{p}, \mathfrak{P}_\mathfrak{p})$ die Restklassenkörper $K_{\mathfrak{p}, \mathfrak{P}_\mathfrak{p}}$ endlich

sind. Daher läßt sich die Produktdefinition der Zetafunktion von K mittels der Punkte von K analogisieren, nämlich als

Eulersches Produkt $$\zeta_K(s) = \prod_{(\mathfrak{p}, \mathfrak{P}_\mathfrak{p})} \frac{1}{1 - \frac{1}{\mathfrak{N}(\mathfrak{p}, \mathfrak{P}_\mathfrak{p})^s}},$$

wo $(\mathfrak{p}, \mathfrak{P}_\mathfrak{p})$ alle Punkte von K (in bezug auf eine feste Transzendente t) durchläuft und $\mathfrak{N}(\mathfrak{p}, \mathfrak{P}_\mathfrak{p})$ jeweils die Restklassenanzahl mod $(\mathfrak{p}, \mathfrak{P}_\mathfrak{p})$, definiert als die Elementanzahl des Restklassenkörpers $K_{\mathfrak{p}, \mathfrak{P}_\mathfrak{p}}$, bedeutet.

2. Eine entsprechende Analogisierung der Reihendefinition der Zetafunktion von K erscheint nicht möglich, weil man in K zwar eine eindeutige Primdivisorzerlegung, nicht aber auch eine eindeutige Punktzerlegung hat.

Man kann jedoch in dieser Richtung einen ersten Schritt tun, indem man die eindeutige Primdivisorzerlegung in den einzelnen Restklassenkörpern $K_{\mathfrak{p}}$ anwendet. Es ist zunächst einfach

$$\mathfrak{N}(\mathfrak{p}, \mathfrak{P}_{\mathfrak{p}}) = \mathfrak{N}(\mathfrak{P}_{\mathfrak{p}}),$$

weil $K_{\mathfrak{p}, \mathfrak{P}_{\mathfrak{p}}}$ als der Restklassenkörper des Primdivisors $\mathfrak{P}_{\mathfrak{p}}$ von $K_{\mathfrak{p}}$ zustandekommt. Daher hat man

$$\zeta_K(s) = \prod_{\mathfrak{p}} \prod_{\mathfrak{P}_{\mathfrak{p}}} \frac{1}{1 - \frac{1}{\mathfrak{N}(\mathfrak{P}_{\mathfrak{p}})^s}}.$$

Hier ist aber das innere Produkt nichts anderes als die Zetafunktion des Kongruenzfunktionenkörpers $K_{\mathfrak{p}}$ in ihrer Eulerschen Produktdarstellung

$$\zeta_{K_{\mathfrak{p}}}(s) = \prod_{\mathfrak{P}_{\mathfrak{p}}} \frac{1}{1 - \frac{1}{\mathfrak{N}(\mathfrak{P}_{\mathfrak{p}})^s}},$$

da ja nach der Punktdefinition $\mathfrak{P}_{\mathfrak{p}}$ gerade alle Primdivisoren von $K_{\mathfrak{p}}$ durchläuft. Für diese Zetafunktion hat man aber auch die Dirichletsche Reihendarstellung

$$\zeta_{K_{\mathfrak{p}}}(s) = \sum_{\mathfrak{G}_{\mathfrak{p}}} \frac{1}{\mathfrak{N}(\mathfrak{G}_{\mathfrak{p}})^s},$$

wo $\mathfrak{G}_{\mathfrak{p}}$ alle ganzen Divisoren von $K_{\mathfrak{p}}$ durchläuft. Für die zu untersuchende Zetafunktion $\zeta_K(s)$ besteht daher, neben der zur Definition genommenen Darstellung als Eulersches Doppelprodukt, auch die Darstellung

$$\zeta_K(s) = \prod_{\mathfrak{p}} \zeta_{K_{\mathfrak{p}}}(s)$$

als das Produkt der Kongruenzzetafunktionen zu den sämtlichen arithmetischen Primdivisoren $\mathfrak{p}$ von K (in bezug auf die feste Transzendente t), und damit in Richtung auf die angeschnittene Frage die Darstellung

$$\zeta_K(s) = \prod_{\mathfrak{p}} \sum_{\mathfrak{G}_{\mathfrak{p}}} \frac{1}{\mathfrak{N}(\mathfrak{G}_{\mathfrak{p}})^s}$$

als einfaches Produkt Dirichletscher Reihen.

Der zweite Schritt zur Herleitung der Dirichletschen Reihendarstellung von $\zeta_K(s)$ würde die Ausmultiplikation dieser unendlich vielen Dirichletschen Reihen sein. Formal kann man diese Ausmultiplikation natürlich vollziehen; das Ziel müßte jedoch sein, zu einem einfachen Bildungsgesetz für die Koeffizienten der Produktreihe zu gelangen, das in der Arithmetik von K wurzelt. Vielleicht könnte hierzu die von Deuring [3] und neuerdings von Roquette [18, 19, 20] entwickelte Theorie des Übergangs von den ganzen Divisoren $\mathfrak{G}$ von K zu ihren Resten mod $\mathfrak{p}$ dienlich sein; diese Reste sind ja ganze Divisoren von $K_{\mathfrak{p}}$.

Da das zugrundegelegte Punktsystem ($\mathfrak{p}$, $\mathfrak{P}_{\mathfrak{p}}$) von K von der Wahl der Transzendenten t aus K abhängt, erscheint auch die mit seiner Hilfe definierte Zetafunktion $\zeta_K(s)$ abhängig von der Wahl von t. Es erhebt sich die *Frage*, ob diese Abhängigkeit in Wahrheit nicht besteht, ob also *die Zetafunktion $\zeta_K(s)$ eine birationale Invariante von K* ist.

Die Sachlage ist ganz ähnlich, wie bei dem Geschlecht g von K, dessen in der arithmetischen Theorie gegebene Definition

$$2g-2 = \text{Grad}\left(\frac{\text{Differente } K/\mathsf{K}(t)}{\text{Nennerquadrat von } t}\right)$$

ja ebenfalls von der Wahl der Transzendenten t abhängig erscheint, das aber in Wahrheit eine birationale Invariante von K ist. Im Hinblick hierauf ist wohl der Gedanke nicht ganz abwegig, daß auch die aufgeworfene Frage über die Zetafunktion von K bejahend zu beantworten sei. Dies als „Vermutung" in dem scharfen Sinne auszusprechen, daß man seinen Kopf verliert, wenn sich das Gegenteil als wahr herausstellt, möchte ich jedoch nicht wagen. Zur Entscheidung könnte die in § 2, 2 erwähnte, von Roquette in Aussicht gestellte Kennzeichnung des Punktsystems $(\mathfrak{p}, \mathfrak{P}_\mathfrak{p})$ von K mittels der allgemeinen Krullschen Bewertungen dienlich sein.

3. Für meine bereits in der Einleitung angeführte *Vermutung*, daß die wie angegeben definierte *Zetafunktion von K eine meromorphe Funktion* mit analogen funktionentheoretischen und arithmetischen Eigenschaften wie die Zetafunktion von K ist, gaben die folgenden beiden leicht zu erbringenden Feststellungen Anlaß.

a) Im Spezialfall eines rationalen Funktionenkörpers $R = \mathsf{K}(t)$ sind auch die Restklassenkörper $R_\mathfrak{p} = \mathsf{K}_\mathfrak{p}(t)$ rationale Kongruenzfunktionenkörper. Für diese ist bekanntlich einfach

$$\zeta_{R_\mathfrak{p}}(s) = \frac{1}{1-\frac{1}{\mathfrak{N}(\mathfrak{p})^s}}\,\frac{1}{1-\frac{\mathfrak{N}(\mathfrak{p})}{\mathfrak{N}(\mathfrak{p})^s}},$$

da die Konstantenkörper $\mathsf{K}_\mathfrak{p}$ die Elementanzahlen $\mathfrak{N}(\mathfrak{p})$ haben. Daraus folgt für die Zetafunktion eines rationalen Funktionenkörpers R die Zurückführung

$$\zeta_R(s) = \zeta_\mathsf{K}(s)\,\zeta_\mathsf{K}(s-1)$$

auf die Zetafunktion des Konstantenkörpers K.

Entsprechend der Zweistufigkeit des Punktsystems $(\mathfrak{p}, \mathfrak{P}_\mathfrak{p})$ tritt hier das Argumentpaar s, $s-1$ auf, und demzufolge ist $\zeta_R(s)$ eine meromorphe Funktion, die nicht nur bei $s=1$ sondern auch noch bei $s=2$ einen Pol erster Ordnung hat, und die einer Funktionalgleichung des geläufigen Typus bei $s \to 2-s$ genügt.[1])

Die Zurückführung auf $\zeta_\mathsf{K}(s)$ läßt übrigens die für den allgemeinen Fall fragliche birationale Invarianz für den rationalen Spezialfall $\zeta_R(s)$ hervortreten, allerdings nur in dem engeren Sinne, daß es nicht auf die Wahl von t unter den R erzeugenden Transzendenten ankommt.

b) Im allgemeinen Falle läßt sich die Zetafunktion des Kongruenzfunktionenkörpers $K_\mathfrak{p}$ bekanntlich durch einen geschlossenen Ausdruck darstellen. Man hat dabei zu beachten, daß gemäß der Punktdefinition in § 2, 2 die Primdivisoren von $K_\mathfrak{p}$ als solche von $K_\mathfrak{p}/\tilde{\mathsf{K}}_\mathfrak{p}$ zu verstehen sind, wo $\tilde{\mathsf{K}}_\mathfrak{p}$ der Konstantenkörper von $K_\mathfrak{p}$, also im allgemeinen eine endlich-algebraische Erweiterung von $\mathsf{K}_\mathfrak{p}$ ist. Es sei $\tilde{R}_\mathfrak{p} = \tilde{\mathsf{K}}_\mathfrak{p}(t)$ der diesem Konstantenkörper entsprechende rationale Teilkörper von $K_\mathfrak{p}$, ferner $r_\mathfrak{p}$ der Grad von $\tilde{\mathsf{K}}_\mathfrak{p}/\mathsf{K}_\mathfrak{p}$, also $\mathfrak{N}(\mathfrak{p})^{r_\mathfrak{p}}$ die Elementanzahl von $\tilde{\mathsf{K}}_\mathfrak{p}$, sowie $g_\mathfrak{p}$ das Geschlecht und $N_1(\mathfrak{p})$ die Anzahl der Primdivisoren ersten Grades von $K_\mathfrak{p}$. Dann hat man

$$\zeta_{K_\mathfrak{p}}(s) = \zeta_{\tilde{R}_\mathfrak{p}}(s)\,L_{K_\mathfrak{p}}(s)$$

---

[1]) Vergleiche hierzu auch den allgemeinen Ansatz von Weil [23] zur formalen Definition der Zetafunktion einer algebraischen Mannigfaltigkeit über einem endlichen Körper, also eines Kongruenzfunktionenkörpers von beliebigem endlichen Transzendenzgrad, wo der Mehrstufigkeit des Punktsystems entsprechend eine analoge Erscheinung auftritt.

mit einem Polynom

$$L_{K_{\mathfrak{p}}}(s) = 1 - \frac{\mathfrak{N}(\mathfrak{p})^{r_{\mathfrak{p}}} + 1 - N_1(\mathfrak{p})}{\mathfrak{N}(\mathfrak{p})^{r_{\mathfrak{p}} s}} + \cdots + \frac{\mathfrak{N}(\mathfrak{p})^{g_{\mathfrak{p}} r_{\mathfrak{p}}}}{\mathfrak{N}(\mathfrak{p})^{2 g_{\mathfrak{p}} r_{\mathfrak{p}} s}}$$

vom Grade $2g_{\mathfrak{p}}$ in $\frac{1}{\mathfrak{N}(\mathfrak{p})^{r_{\mathfrak{p}} s}}$, in dem das absolute Glied 1 ist und die Koeffizienten des linearen und des höchsten Gliedes die angegebenen einfachen Werte haben. Setzt man für dies L-Polynom von $K_{\mathfrak{p}}$ die Linearfaktorzerlegung

$$L_{K_{\mathfrak{p}}}(s) = \prod_{i=1}^{2g_{\mathfrak{p}}} \left(1 - \frac{\omega_i(\mathfrak{p})}{\mathfrak{N}(\mathfrak{p})^{r_{\mathfrak{p}} s}}\right)$$

an, so haben nach dem allgemeinen von Weil [22] algebraisch-geometrisch und dann von Roquette [18, 19] auch arithmetisch bewiesenen Analogon zur Riemannschen Vermutung die Nullstellen $\omega_i(\mathfrak{p})$ sämtlich den absoluten Betrag

$$|\omega_i(\mathfrak{p})| = \mathfrak{N}(\mathfrak{p})^{\frac{r_{\mathfrak{p}}}{2}}.$$

Für fast alle arithmetischen Primdivisoren $\mathfrak{p}$ von K ist nun nach Deuring [3], wie in § 2, 1 gesagt, einfach $\tilde{\mathsf{K}}_{\mathfrak{p}} = \mathsf{K}_{\mathfrak{p}}$, also $\tilde{R}_{\mathfrak{p}} = R_{\mathfrak{p}}$ und $r_{\mathfrak{p}} = 1$, sowie $g_{\mathfrak{p}} = g$. Erklärt man für diese regulären $\mathfrak{p}$ die i-te Nullstelle $\omega_i(\mathfrak{p})$ $(i = 1, \ldots, 2g)$ irgendwie eindeutig als Funktion von $\mathfrak{p}$, so kann man die Produktbildung über die Polynome $L_{K_{\mathfrak{p}}}(s)$ nullstellenweise vornehmen und erhält so, unter Anwendung des vorstehend für den rationalen Spezialfall Gesagten, für die Zetafunktion von K die bis auf die Beiträge der endlich vielen irregulären $\mathfrak{p}$ genaue Darstellung

$$\zeta_K(s) \sim \zeta_{\mathsf{K}}(s)\, \zeta_{\mathsf{K}}(s-1) \prod_{i=1}^{2g} \prod_{\mathfrak{p}\ \mathrm{reg}} \left(1 - \frac{\omega_i(\mathfrak{p})}{\mathfrak{N}(\mathfrak{p})^s}\right).$$

Hierin konvergiert auf Grund des Analogons zur Riemannschen Vermutung jedes der $2g$ inneren Produkte absolut in der Halbebene $\Re(s) > \frac{3}{2}$. Demnach ist $\zeta_K(s)$ jedenfalls in dieser Halbebene analytisch und dort, unter Annahme der Riemannschen Vermutung für $\zeta_{\mathsf{K}}(s)$, bis auf das reelle Intervall $\frac{3}{2} < s < 2$ nullstellenfrei, mit einzigem Pol erster Ordnung bei $s = 2$.

Über die beiden vorstehenden Feststellungen hinaus ist bis heute über die Zetafunktion $\zeta_K(s)$ eines arithmetischen Funktionenkörpers K im allgemeinen Falle nichts weiter bekannt. Dagegen hat sich meine frühere Vermutung über $\zeta_K(s)$, wie bereits in der Einleitung gesagt, im Spezialfall eines arithmetischen Funktionenkörpers K vom Fermatschen Typus durch das kürzliche Ergebnis von Weil [25] in vollem Umfang bestätigt. Die weiteren Abschnitte der vorliegenden Abhandlung sind der genaueren Untersuchung dieses Spezialfalls gewidmet.

Zusatz nach Abschluß der Niederschrift. In der inzwischen erschienenen Arbeit Deuring [5] ist der Behandlung des elliptischen Spezialfalls mit komplexem Multiplikatorenring ebenfalls ein Abriß der bisher bekannten Tatsachen über die Zetafunktion eines arithmetischen Funktionskörpers K im allgemeinen Falle vorangestellt, allerdings ohne die hier gegebene Fundierung in der Arithmetik von K durch den Punktbegriff und ohne Eingehen auf die für K irregulären Primdivisoren $\mathfrak{p}$ des Konstantenkörpers K.

Neuerdings hat Lamprecht [16] die Zetafunktion auch für einen einfachen Typus von algebraischen Funktionenkörpern vom Transzendenzgrad 2 mit endlichem Konstantenkörper definiert und untersucht, nämlich für den sogenannten Doppelkörpertypus. Nach den Ausführungen aus §§ 1, 2 sind die algebraischen Funktionenkörper K vom Transzendenzgrad 2 mit endlichem Konstantenkörper als Analogon der in der vorliegenden Abhandlung untersuchten arithmetischen Funktionenkörper K in dem Sinne anzusehen, daß als arithmetiktragender Konstantenkörper K statt eines algebraischen Zahlkörpers (Klasse (A). aus § 1) ein Kongruenzfunktionenkörper (Klasse (B.) aus § 1) zugrundegelegt wird.

Eine mir während der Korrektur zugegangene briefliche Mitteilung von Lamprecht enthält überdies die Feststellung, daß für einen gewissen Typus solcher Kongruenzfunktionenkörper vom Transzendenzgrad 2 die Zetafunktion *nicht* birational-invariant in dem oben zugrundegelegten scharfen Sinne ist, sowie interessante Einsichten in die Art ihrer Abhängigkeit von der Wahl der Transzendenzbasis, die hervortreten lassen, wie der Begriff der birationalen Invarianz hier sinngemäß einzuschränken ist.

Siehe außerdem den in der letzten Fußnote erwähnten, noch allgemeineren Ansatz von Weil [23].

II. Arithmetische Funktionenkörper vom Fermatschen Typus

§ 4. Erzeugung, Geschlecht, Ganzheitsbasen

1. Ein arithmetischer Funktionenkörper K werde vom *allgemeinen Fermatschen Typus* genannt, wenn er eine Erzeugung der folgenden Form besitzt:

$$\mathsf{K} \text{ ein beliebiger algebraischer Zahlkörper,}$$

$$K = \mathsf{K}(u_1, u_2) \text{ mit } \frac{u_1^{m_1}}{\gamma_1} + \frac{u_2^{m_2}}{\gamma_2} = 1,$$

wo m_1, m_2 natürliche Zahlen und $\gamma_1, \gamma_2 \neq 0$ Zahlen aus K sind. Legt man der Erzeugung den rationalen Funktionenkörper

$$R = \mathsf{K}(t)$$

mit

$$t = \frac{u_1^{m_1}}{\gamma_1} = 1 - \frac{u_2^{m_2}}{\gamma_2}$$

als ausgezeichneter Transzendenten zugrunde, so hat man umgekehrt

$$u_1^{m_1} = \gamma_1 t, \quad u_2^{m_2} = \gamma_2(1-t),$$

so daß sich die Erzeugung der endlich-algebraischen Erweiterung K/R in der Form

$$K = R(\sqrt[m_1]{\gamma_1 t}, \ \sqrt[m_2]{\gamma_2(1-t)})$$

darstellt.

Die Grundgleichung $\frac{u_1^{m_1}}{\gamma_1} + \frac{u_2^{m_2}}{\gamma_2} = 1$ ist absolut-irreduzibel über K, da das Polynom $\gamma_2\left(1 - \frac{u_1^{m_1}}{\gamma_1}\right)$ aus $\mathsf{K}(u_1)$ bei Übergang zur algebraisch-abgeschlossenen Hülle $\overline{\mathsf{K}}$ in lauter verschiedene Linearfaktoren zerfällt, also in bezug auf die m_2-ten Potenzen aus $\overline{\mathsf{K}}(u_1)$ die Ordnung m_2 hat. Daher hat K den Konstantenkörper K.

Die beiden durch die Grundgleichung über K abhängigen Transzendenten u_1, u_2 erzeugen einzeln zwei rationale Erweiterungskörper

$$R_1 = R(u_1) = R(\sqrt[m_1]{\gamma_1 t}) = \mathsf{K}(\sqrt[m_1]{\gamma_1 t}), \ R_2 = R(u_2) = R(\sqrt[m_2]{\gamma_2(1-t)}) = \mathsf{K}(\sqrt[m_2]{\gamma_2(1-t)})$$

der Grade m_1, m_2 über R, die nach dem oben Gesagten voneinander unabhängige Erweiterungen von R sind, und deren Komposition den zu untersuchenden Körper

$$K = R_1 R_2$$

vom Grade $m_1 m_2$ über R liefert.

2. Die Komponentenkörper R_1, R_2 haben als rationale Funktionenkörper das Geschlecht 0. Für das Kompositum K bestimmt sich das Geschlecht g in bekannter Weise folgendermaßen.

Es bezeichne im folgenden durchweg

$$m = [m_1, m_2], \qquad m_0 = (m_1, m_2)$$

das kleinste gemeinsame Vielfache und den größten gemeinsamen Teiler der beiden Exponenten m_1, m_2, wobei dann deren als Grad von K/R auftretendes Produkt

$$m_1 m_2 = m\, m_0$$

ist.

In K/R sind genau die drei Primdivisoren $\mathfrak{U}_1$, $\mathfrak{U}_2$, $\mathfrak{U}_0$ von R aus den Divisordarstellungen

$$t \cong \frac{\mathfrak{U}_1}{\mathfrak{U}_0}, \qquad 1 - t \cong \frac{\mathfrak{U}_2}{\mathfrak{U}_0}$$

verzweigt, und zwar von den Ordnungen m_1, m_2, m. Für $\mathfrak{U}_1$, $\mathfrak{U}_2$ erkennt man das sofort aus den Grundgleichungen

$$u_1^{m_1} = \gamma_1 t \ \text{ von } R_1/R, \qquad u_2^{m_2} = \gamma_2(1 - t) \ \text{ von } R_2/R,$$

die auch zeigen, daß $\mathfrak{U}_0$ in R_1/R, R_2/R von den Ordnungen m_1, m_2 verzweigt ist. Durch Betrachtung der Grundgleichung

$$u_2^{m_2} = \gamma_2 \left(1 - \frac{u_1^{m_1}}{\gamma_1}\right) \ \text{ von } K/R_1,$$

für deren rechte Seite sich der Nenner in R_1 nach dem oben Gesagten in der Form $\mathfrak{U}_0 = \mathfrak{U}_{01}^{m_1}$ mit einem Primdivisor $\mathfrak{U}_{01}$ von R_1 darstellt, ergibt sich dann, daß $\mathfrak{U}_{01}$ in K/R_1 von der Ordnung $\frac{m_2}{m_0}$ verzweigt ist, so daß insgesamt $\mathfrak{U}_0$ in K/R von der Ordnung $\frac{m_1 m_2}{m_0} = m$ verzweigt ist.

Da K die Charakteristik 0 hat, sind die Verzweigungen von $\mathfrak{U}_1$, $\mathfrak{U}_2$, $\mathfrak{U}_0$ regulär. Demnach berechnet sich die Differente von K/R zu

$$\mathfrak{D}_{K/R} = \mathfrak{U}_1^{\frac{m_1-1}{m_1}} \mathfrak{U}_2^{\frac{m_2-1}{m_2}} \mathfrak{U}_0^{\frac{m-1}{m}}.$$

Für das in K gebildete Differential der Transzendenten t ergibt sich daraus

$$dt \cong \frac{\mathfrak{D}_{K/R}}{\mathfrak{U}_0^2} = \mathfrak{U}_1^{\frac{m_1-1}{m_1}} \mathfrak{U}_2^{\frac{m_2-1}{m_2}} \mathfrak{U}_0^{-\frac{m+1}{m}}.$$

Sein Grad ist

$$\begin{aligned} 2g - 2 &= m_2(m_1 - 1) + m_1(m_2 - 1) - m_0(m + 1) \\ &= m_1 m_2 - m_1 - m_2 - m_0 \\ &= (m_1 - 1)(m_2 - 1) - (m_0 + 1). \end{aligned}$$

Somit hat K das doppelte Geschlecht

$$2g = (m_1 - 1)(m_2 - 1) - (m_0 - 1).$$

3. Durch Betrachtung der t-Diskriminante erweist sich nach dem Vorstehenden das System

$$\mathfrak{u}_1 = \{1, u_1, \ldots, u_1^{m_1-1}\} \qquad \text{als } t\text{-Ganzheitsbasis von } R_1/R,$$

$$\mathfrak{u}_2 = \{1, u_2, \ldots, u_2^{m_2-1}\} \qquad \text{als } t\text{-Ganzheitsbasis von } R_2/R,$$

sowie das aus diesen beiden Systemen gebildete Kroneckersche Produkt

$$\mathfrak{u}_1 \times \mathfrak{u}_2 \qquad \text{als } t\text{-Ganzheitsbasis von } K/R.$$

Verbunden mit dem unendlichen System

$t = \{1, t, t^2, \ldots\ldots\}$ als t-Ganzheitsbasis von R/K

erhält man so die unendlichen Systeme

$t \times u_1$ als t-Ganzheitsbasis von R_1/K,

$t \times u_2$ als t-Ganzheitsbasis von R_2/K,

$t \times u_1 \times u_2$ als t-Ganzheitsbasis von K/K.

Wenn für einen arithmetischen Primdivisor $\mathfrak{p}$ eines der Körper R, R_1, R_2, K die entsprechende dieser t-Ganzheitsbasen $\mathfrak{p}$-ganz und mod $\mathfrak{p}$ linear-unabhängig ist, so sei $\mathfrak{p}$ im folgenden kurz ein t-, $t \times u_1$-, $t \times u_2$- $t \times u_1 \times u_2$- *Funktionalprimdivisor* genannt. Für R_1, R_2, K besagt das mehr als die in § 2, 1 synonym mit arithmetischem Primdivisor bezüglich t verwendete Bezeichnung t-Funktionalprimdivisor, die ja nur zum Ausdruck bringt, daß $\mathfrak{p}$ aus einem t-Funktionalprimdivisor von R durch Primdivisorzerlegung entsteht. Für $R_1 = \mathsf{K}(u_1)$, $R_2 = \mathsf{K}(u_2)$ ist es äquivalent mit u_1-, u_2-Funktionalprimdivisor, für $K = \mathsf{K}(u_1, u_2)$ dagegen eine neue Begriffsbildung.

§ 5. Das Zerlegungsgesetz für die arithmetischen Primdivisoren

1. In § 2, 1 wurde allgemein die Frage nach dem Zerlegungsgesetz für die Primdivisoren $\mathfrak{p}$ von K, aufgefaßt als t-Funktionalprimdivisoren von $R = \mathsf{K}(t)$, in einem arithmetischen Funktionenkörper K mit dem Konstantenkörper K aufgeworfen und auf ihre annähernde Beantwortung durch Deuring [3] hingewiesen, nach der fast alle $\mathfrak{p}$ in K regulär im dortigen Sinne sind.

Für einen arithmetischen Funktionenkörper K vom allgemeinen Fermatschen Typus kann man das leicht bestätigen und durch eine genauere Angabe über die regulären $\mathfrak{p}$ ergänzen. Mit den in § 4, 1 eingeführten Bezeichnungen gilt nämlich:

Satz 1. *Alle Primdivisoren $\mathfrak{p}$ von K, die nicht in $m = [m_1, m_2]$ und höchstens zu durch m_1, m_2 teilbaren Exponenten in γ_1, γ_2 stecken, sind in K regulär.*

Beweis. Die Voraussetzung $\mathfrak{p} \nmid m$ bedeutet, daß die $\mathfrak{p}$ zugeordnete Primzahl p, also die Charakteristik des Restklassenkörpers $\mathsf{K}_{\mathfrak{p}}$, in keinem der beiden Exponenten m_1, m_2 aufgeht. Unter der Voraussetzung über die Koeffizienten γ_1, γ_2 können diese durch geeignete Festlegung von u_1, u_2, unter Festhalten der für die Übertragung von $\mathfrak{p}$ auf R zugrundegelegten Transzendenten t, ohne Einschränkung als prim zu $\mathfrak{p}$ angenommen werden.

Erstens bleiben dann die Grundgleichungen

$$u_1^{m_1} = \gamma_1 t \quad \text{von} \quad R_1/R, \qquad u_2^{m_2} = \gamma_2\left(1 - \frac{u_1^{m_1}}{\gamma_1}\right) \text{von } K/R_1$$

auch mod $\mathfrak{p}$ irreduzibel, so daß $\mathfrak{p}$ in R_1/R und K/R_1, also zusammengenommen in K/R rein-träge ist, und zwar wird genauer $\mathfrak{p}$ zunächst zum $t \times u_1$-Funktionalprimdivisor (oder also einfach zum u_1-Funktionalprimdivisor) von R_1 und dann weiter zum $t \times u_1 \times u_2$-Funktionalprimdivisor von K im Sinne von § 4, 3, mit dem Restklassenkörper

$$K_{\mathfrak{p}} = R_{\mathfrak{p}}(u_1, u_2) = \mathsf{K}_{\mathfrak{p}}(u_1, u_2) \quad \text{mit} \quad \frac{u_1^{m_1}}{\gamma_1} + \frac{u_2^{m_2}}{\gamma_2} \equiv 1 \bmod \mathfrak{p}.$$

Zweitens bleibt die Grundgleichung in u_1, u_2 über K auch als Kongruenz mod $\mathfrak{p}$, wie sie in der letzteren Erzeugung auftritt, absolut-irreduzibel über $\mathsf{K}_{\mathfrak{p}}$, so daß $K_{\mathfrak{p}}$ den Konstantenkörper $\tilde{\mathsf{K}}_{\mathfrak{p}} = \mathsf{K}_{\mathfrak{p}}$ hat.

Drittens berechnet sich das Geschlecht $g_{\mathfrak{p}}$ von $K_{\mathfrak{p}}$ aus dieser Erzeugung nach genau demselben Schema wie in § 4, 2 das Geschlecht g von K, so daß $K_{\mathfrak{p}}$ das Geschlecht $g_{\mathfrak{p}} = g$ hat.

Bemerkung. Die erste und zweite dieser Regularitätsfeststellungen gelten ersichtlich auch dann noch, wenn man die Voraussetzung $\mathfrak{p} \nmid m$ durch die schwächere $\mathfrak{p} \nmid m_0$ ersetzt, bei der also die Primzahl p nur in mindestens einem der beiden Exponenten m_1, m_2 nicht aufgeht.

2. Die Behandlung des Zerlegungsgesetzes für die in Satz 1 ausgenommenen endlich vielen Primdivisoren $\mathfrak{p}$ von K bei einem arithmetischen Funktionenkörper K vom allgemeinen Fermatschen Typus würde Komplikationen mit sich bringen, die dann die Anwendung auf die Zetafunktion $\zeta_K(s)$ belasten würden. Es handelt sich dabei einerseits um algebraische Komplikationen dadurch, daß die Erweiterung K/R im allgemeinen nicht-abelsch ist, was das Auftreten nicht-abelscher Artinscher L-Funktionen bei der Aufspaltung der Kongruenzzetafunktionen $\zeta_{K_\mathfrak{p}}(s)$ nach sich zieht, und andererseits um arithmetische Komplikationen dadurch, daß für die in den Exponenten m_1, m_2 oder wesentlich in den Koeffizienten γ_1, γ_2 steckenden Primdivisoren $\mathfrak{p}$ von K mancherlei Fallunterscheidungen nötig werden, wodurch dann eine Reihe verschiedenartiger Typen irregulärer $\mathfrak{p}$-Beiträge zu $\zeta_K(s)$ auftreten.

Um der in der Einleitung dargelegten Zielsetzung zu dienen, soll daher die Untersuchung fortan auf arithmetische Funktionenkörper K von einem *speziellen Fermatschen Typus* beschränkt werden, bei dem die algebraischen Komplikationen gar nicht und von den arithmetischen Komplikationen nur die durch die Exponenten bewirkten, weniger einschneidenden auftreten. Es soll nämlich weiterhin durchweg vorausgesetzt werden, daß

(1.) der Konstantenkörper K die m-ten Einheitswurzeln enthält,

(2.) die Koeffizienten $\gamma_1, \gamma_2 = 1$ sind.

Kommt es auf den Konstantenkörper K nicht an, so kann man das Erfülltsein dieser beiden Voraussetzungen durch endlich-algebraische Erweiterung und geeignete Normierung von u_1, u_2 bei festem t erzwingen. Bei der Anwendung der zu entwickelnden Theorie auf die Grundgleichung vom Fermatschen Typus als diophantische Gleichung über K kommt es jedoch wesentlich auf den Körper K an, so daß die Voraussetzungen (1.), (2.) eine vom arithmetischen Gesichtspunkt aus ins Gewicht fallende Einschränkung bedeuten. Die gewöhnliche Fermatsche Gleichung $u_1^m + u_2^m = 1$ mit beliebigem natürlichen Exponenten m, betrachtet über dem Körper Z der m-ten Einheitswurzeln, fällt jedenfalls unter den durch (1.), (2.) festgelegten speziellen Fermatschen Typus.

Auf Grund der Voraussetzung (1.) sind die beiden Komponentenkörper R_1, R_2 zyklisch von den Graden m_1, m_2 über R, so daß ihr Kompositum $K = R_1 R_2$ bizyklisch vom Grade $m_1 m_2$ und Typus m_1, m_2 über R ist.

Auf Grund der Voraussetzung (2.) vereinfacht sich die Erzeugung von K aus § 4, 1 zu

$$K = \mathsf{K}(u_1, u_2) \quad \text{mit} \quad u_1^{m_1} + u_2^{m_2} = 1$$

oder also

$$K = R(\sqrt[m_1]{t}, \sqrt[m_2]{1-t}) \quad \text{mit} \quad R = \mathsf{K}(t),$$

wo

$$t = u_1^{m_1} = 1 - u_2^{m_2}$$

die ausgezeichnete Transzendente ist.

Die so festgelegten, weiterhin zu betrachtenden arithmetischen Funktionenkörper K vom speziellen Fermatschen Typus hängen jeweils nur von dem algebraischen Zahlkörper K und den beiden natürlichen Zahlen m_1, m_2 ab.

3. Es soll jetzt das Zerlegungsverhalten in K für einen beliebigen Primdivisor $\mathfrak{p}$ von K als t-Funktionalprimdivisor von $R = \mathsf{K}(t)$ untersucht werden.

Es bezeichne im folgenden durchweg p die $\mathfrak{p}$ zugeordnete Primzahl, also die Charakteristik des Restklassenkörpers $\mathsf{K}_\mathfrak{p}$, sowie

$$m_1 = m_{1p} q_1, \quad m_2 = m_{2p} q_2, \quad m = m_p q, \quad m_0 = m_{0p} q_0$$

die Zerlegungen von

$$m_1,\ m_2,\ m = [m_1, m_2],\ m_0 = (m_1, m_2)$$

in ihre zu p primen Bestandteile

$$m_{1p},\ m_{2p},\ m_p = [m_{1p}, m_{2p}],\ m_{0p} = (m_{1p}, m_{2p})$$

und ihre p-Beiträge

$$q_1,\ q_2,\ q = [q_1, q_2],\ q_0 = (q_1, q_2),$$

wobei also q die höhere, q_0 die niedrigere der beiden p-Potenzen q_1, q_2 ist. Ferner sei zur Abkürzung

$$u_1^{q_1} = u_{1p},\ u_2^{q_2} = u_{2p},$$

$$u_1^{m_{1p}} = t_1,\ u_2^{m_{2p}} = t_2$$

gesetzt. Dann stellt sich der zu untersuchende Körper K vom speziellen Fermatschen Typus über seinen rationalen Teilkörper R als das Kompositum

$$K = M\,Q$$

der beiden über R unabhängigen Teilkörper

$$M = R(\sqrt[m_{1p}]{t},\ \sqrt[m_{2p}]{1-t}) = \mathsf{K}(u_{1p}, u_{2p}) \text{ mit } u_{1p}^{m_{1p}} + u_{2p}^{m_{2p}} = 1,$$

$$Q = R(\sqrt[q_1]{t},\ \sqrt[q_2]{1-t}) = \mathsf{K}(t_1, t_2) \quad \text{mit } t_1^{q_1} + t_2^{q_2} = 1$$

vom speziellen Fermatschen Typus dar.

Im Komponentenkörper M ist $\mathfrak{p}$ nach Satz 1 regulär. Genauer wird nach dem dort Gezeigten $\mathfrak{p}$ in M zum $t \times u_{1p} \times u_{2p}$-Funktionalprimdivisor mit dem Restklassenkörper

(1.) $$M_{\mathfrak{p}} = R_{\mathfrak{p}}(\sqrt[m_{1p}]{t},\ \sqrt[m_{2p}]{1-t})$$

vom Konstantenkörper $\mathsf{K}_{\mathfrak{p}}$ und doppelten Geschlecht

$$2\bar{g}_{\mathfrak{p}} = (m_{1p} - 1)(m_{2p} - 1) - (m_{0p} - 1).$$

Der Komponentenkörper Q hat den zweistufigen Aufbau

$$Q = \bar{R}(t_0) = \bar{R}(\sqrt[q_0]{1 - \bar{t}^q}) \text{ mit } \bar{R} = R(\bar{t}) = R(\sqrt[q]{t}),$$

wo $\bar{t} = t_1$ oder t_2 und $t_0 = t_2$ oder t_1 der höheren und niedrigeren p-Potenz $q = q_1$ oder q_2 und $q_0 = q_2$ oder q_1 entsprechen.

In der rationalen Unterstufe $\bar{R}$ ist $\mathfrak{p}$ rein-träge, wird nämlich zum $\bar{t}$-Funktionalprimdivisor mit dem rationalen, über $R_{\mathfrak{p}}$ rein-inseparablen Restklassenkörper

$$\bar{R}_{\mathfrak{p}} = R_{\mathfrak{p}}(\sqrt[q]{t}) = R_{\mathfrak{p}}^{\frac{1}{q}} \cong R_{\mathfrak{p}}.$$

In der Oberstufe $Q/\bar{R}$ sind für das Radikal $t_0 = \sqrt[q_0]{1 - \bar{t}^q}$ die Voraussetzungen aus der vorangeschickten Arbeit Hasse [12] erfüllt, wie dort schon bemerkt wurde. Nach dem dortigen Satz 2 ist mithin $\mathfrak{p}$ in $Q/\bar{R}$ unzerlegt und in den einzelnen Stufen vom Primzahlgrad p jeweils entweder inseparabel-träge (unecht-verzweigt) oder im gewöhnlichen Sinne verzweigt (echt-verzweigt), mit rationalem, über $\bar{R}_{\mathfrak{p}}$ rein-inseparablem Restklassenkörper

$$Q_{\mathfrak{p}} = \bar{R}_{\mathfrak{p}}^{\frac{1}{q_{0\mathfrak{p}}}} \cong \bar{R}_{\mathfrak{p}}$$

von nicht näher bestimmtem p-Potenzgrad $q_{0\mathfrak{p}} | q_0$.

Zusammengenommen ist demnach $\mathfrak{p}$ im Komponentenkörper Q rein-verzweigt, wobei unechte und echte Verzweigung gemischt vorkommen können, mit rationalem, über $R_\mathfrak{p}$ rein-inseparablem Restklassenkörper

$$Q_\mathfrak{p} = R_\mathfrak{p}^{\frac{1}{q_\mathfrak{p}}} \cong R_\mathfrak{p}$$

von nicht näher bestimmtem p-Potenzgrad $q_\mathfrak{p} = q\, q_{0\mathfrak{p}}$ mit den Eigenschaften $q | q_\mathfrak{p} | q\, q_0$, oder also $\frac{q_1}{q_2} | q_\mathfrak{p} | q_1 q_2$. Der Primteiler von $\mathfrak{p}$ in Q ist jedoch, abgesehen vom Falle $q_0 = 1$ (siehe dazu die dem Beweis von Satz 1 angeschlossene Bemerkung), nicht mehr $t \times t_1 \times t_2$-Funktionalprimdivisor, weil nach dem Beweis für das Zerlegungsgesetz in $Q/\bar{R}$ aus Hasse [12] an die Stelle von $\bar{t}$, t_0 mod $\mathfrak{p}$, oder also t_1, t_2 mod $\mathfrak{p}$, eine komplizierter gebaute Erzeugende $t_\mathfrak{p}$ mod $\mathfrak{p}$ von $Q_\mathfrak{p}/R_\mathfrak{p}$ tritt. Auf die Kenntnis des Aufbaus einer solchen Erzeugenden aus t_1, t_2 kommt es im folgenden nicht an, ebenso nicht auf die explizite Bestimmung des p-Potenzgrades $q_\mathfrak{p}$, die nach den Darlegungen in Hasse [12] Schwierigkeiten bereitet. Es genügt vielmehr die aus dem Bewiesenen folgende Tatsache, daß $Q_\mathfrak{p}/R_\mathfrak{p}$ in der Form

$$(2.) \qquad Q_\mathfrak{p} = R_\mathfrak{p}(t_\mathfrak{p}) = \mathsf{K}_\mathfrak{p}(t_\mathfrak{p}) \quad \text{mit} \quad t_\mathfrak{p}^{q_\mathfrak{p}} \equiv t \bmod \mathfrak{p}$$

erzeugt werden kann, wo $t_\mathfrak{p}$ eine geeignete Transzendente aus Q und $q_\mathfrak{p}$ eine p-Potenz mit den angegebenen Eigenschaften ist.

Nach dem Zusatz aus Hasse [12] gilt entsprechendes auch nach Komposition von Q/R mit M/R, also für K/M, da nach dem zuvor Bewiesenen $\mathfrak{p}$ in M/R rein-separabel-träge (also sicher weder unecht- noch echt-verzweigt) ist. Dabei wird der Restklassenkörper

$$K_\mathfrak{p} = M_\mathfrak{p}^{\frac{1}{q_\mathfrak{p}}} \cong M_\mathfrak{p},$$

also sein Konstantenkörper $\tilde{\mathsf{K}}_\mathfrak{p} = \mathsf{K}_\mathfrak{p}$ und sein Geschlecht $g_\mathfrak{p} = \bar{g}_\mathfrak{p}$. Der Körper $M_\mathfrak{p}$ ist hiernach als der größte separable Teilkörper und die p-Potenz $q_\mathfrak{p}$ als der Inseparabilitätsgrad von $K_\mathfrak{p}/R_\mathfrak{p}$ gekennzeichnet. Eine Erzeugung von $K_\mathfrak{p}/R_\mathfrak{p}$ ergibt sich aus den für $M_\mathfrak{p}/R_\mathfrak{p}$ und $Q_\mathfrak{p}/R_\mathfrak{p}$ angegebenen Erzeugungen (1.), (2.) zu

$$(3.) \qquad K_\mathfrak{p} = R_\mathfrak{p}(t_\mathfrak{p}, \sqrt[m_{1p}]{t_\mathfrak{p}}, \sqrt[m_{2p}]{1-t_\mathfrak{p}}) \text{ mit } t_\mathfrak{p}^{q_\mathfrak{p}} \equiv t \bmod \mathfrak{p}.$$

Zusammengefaßt ist damit bewiesen:

Satz 2. *Ein Primdivisor $\mathfrak{p}$ von K ist, als t-Funktionalprimdivisor von $R = \mathsf{K}(t)$ aufgefaßt, in einem arithmetischen Funktionenkörper K vom speziellen Fermatschen Typus*

$$K = R(\sqrt[m_1]{t}, \sqrt[m_2]{1-t})$$

mit $m = [m_1, m_2]$, $m_0 = (m_1, m_2)$ stets unzerlegt, besitzt also in K nur einen einzigen Primteiler.

Dessen Restklassenkörper $K_\mathfrak{p}$ ist ein Kongruenzfunktionenkörper vom speziellen Fermatschen Typus

$$K_\mathfrak{p} \cong M_\mathfrak{p} = R_\mathfrak{p}(\sqrt[m_{1p}]{t}, \sqrt[m_{2p}]{1-t})$$

mit dem Konstantenkörper $\mathsf{K}_\mathfrak{p}$ und dem doppelten Geschlecht

$$2g_\mathfrak{p} = (m_{1p} - 1)(m_{2p} - 1) - (m_{0p} - 1),$$

wo m_{1p}, m_{2p}, m_{0p} die zur Charakteristik p von $K_\mathfrak{p}$ primen Bestandteile von m_1, m_2, m_0 sind.

Genauer ist $M_\mathfrak{p}$ der größte separable Teilkörper von $K_\mathfrak{p}/R_\mathfrak{p}$, nämlich

$$K_\mathfrak{p} = M_\mathfrak{p}^{\frac{1}{q_\mathfrak{p}}}$$

mit einem Inseparabilitätsgrad $q_\mathfrak{p}$, der zwischen den p-Beiträgen q zu m und $q\,q_0 = q_1\,q_2$ zu $m\,m_0 = m_1\,m_2$ liegt, und $K_\mathfrak{p}/R_\mathfrak{p}$ besitzt eine Erzeugung der Form (3.) *mit einer geeigneten Transzendenten $t_\mathfrak{p}$ aus K.*

Im Hinblick darauf, daß eine im Restklassenkörper $K_\mathfrak{p}/R_\mathfrak{p}$ auftretende reine Inseparabilität gemäß HASSE [12] oder auch schon DEURING [2] als unechte Verzweigung anzusehen ist, erscheint es zweckmäßig, den in § 2, 1 eingeführten Begriff der *Regularität* von $\mathfrak{p}$ in K so zu präzisieren, daß $\mathfrak{p}$ in K unzerlegt und *weder echt- noch unecht*-verzweigt sein soll. Dann wird die in Satz 1 für den allgemeinen Fermatschen Typus gemachte Feststellung, daß *die $\mathfrak{p} \nmid m$ sämtlich in K regulär* sind, durch Satz 2 für den speziellen Fermatschen Typus dahingehend ergänzt, daß *die $\mathfrak{p} | m$ sämtlich in K irregulär* sind.

Im Spezialfall $m_1 = m_2 = l$ der *gewöhnlichen Fermatschen Gleichung $u_1^l + u_2^l = 1$ mit einem Primzahlexponenten l, betrachtet über dem Körper Z der l-ten Einheitswurzeln*, hat man nur einen einzigen in K irregulären Primdivisor von Z, nämlich den einzigen Primteiler $\mathfrak{l}$ von l in Z, mit $\mathfrak{l}^{l-1} \cong l$. Für diesen Primdivisor $\mathfrak{l}$ läßt sich der fragliche Inseparabilitätsgrad $q_\mathfrak{l}$ von $K_\mathfrak{l}/R_\mathfrak{l}$ angeben. Nach dem Satz 1 aus HASSE [12] ist nämlich in diesem Falle $\mathfrak{l}$ in $K = R_1(\sqrt[l]{1-u_1^l})$ echt-verzweigt, also der obige Grad $q_{0\mathfrak{l}} = 1$ und daher $q_\mathfrak{l} = l$, so daß hier $t_\mathfrak{l} = u_\mathfrak{l} = \sqrt[l]{t}$ gewählt werden kann und einfach $K_\mathfrak{l} = R_\mathfrak{l}^{\frac{1}{l}} = R_\mathfrak{l}(\sqrt[l]{t})$ wird.

4. Für die weitere Untersuchung kommt es auf die Charaktergruppen X und $X_\mathfrak{p}$ der Galoisgruppen $\mathfrak{G}$ von K/R und $\mathfrak{G}_\mathfrak{p}$ von $K_\mathfrak{p}/R_\mathfrak{p}$ an. Die Gruppen $\mathfrak{G}$, X sind bizyklisch vom Typus $\{m_1, m_2\}$, die Gruppen $\mathfrak{G}_\mathfrak{p}$, $X_\mathfrak{p}$ nur bizyklisch vom Typus $\{m_{1\mathfrak{p}}, m_{2\mathfrak{p}}\}$, da es für sie nur auf den größten separablen Teilkörper $M_\mathfrak{p}/R_\mathfrak{p}$ ankommt. Diesem entspricht bei der Restabbildung mod $\mathfrak{p}$ von K auf $K_\mathfrak{p}$ nach Satz 2 als Urbild der bei der Herleitung herangezogene Komponentenkörper

$$M = R(\sqrt[m_{1p}]{t},\ \sqrt[m_{2p}]{1-t})$$

von K/R. Die Galoisgruppe von M/R ist die Faktorgruppe $\mathfrak{G}_p = \mathfrak{G}/\mathfrak{Q}$ nach der Komponente $\mathfrak{Q}$ von p-Potenzordnung von $\mathfrak{G}$; ihre Charaktergruppe ist die Komponente X_p von zu p primer Ordnung von X. In Fig. 1 ist diese bei der Restabbildung mod $\mathfrak{p}$ von K auf $K_\mathfrak{p}$ vorliegende Sachlage schematisch dargestellt.

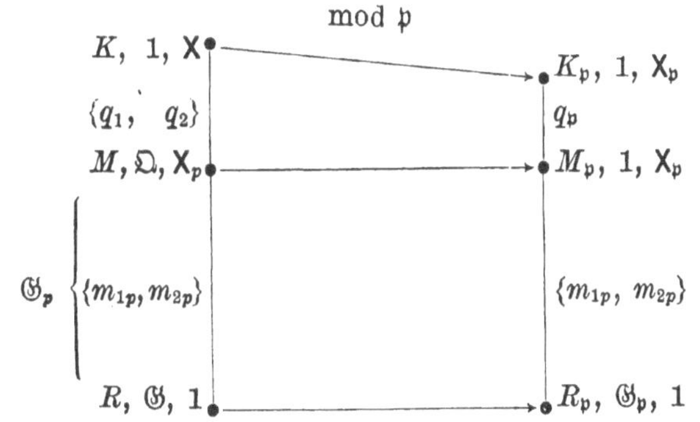

Fig. 1

Für die Galoisgruppe $\mathfrak{G}$ von K/R erhält man nach dem Schema der Galoisschen Theorie einen Homomorphismus auf die Galoisgruppe $\mathfrak{G}_p = \mathfrak{G}/\mathfrak{Q}$ von M/R, indem man jedem Automorphismus S von K/R den Automorphismus $S_p = S\mathfrak{Q}$ von M/R zuordnet. Für die Galoisgruppe $\mathfrak{G}_p$ von M/R erhält man nach dem Schema der Hilbertschen

Theorie einen Isomorphismus auf die Galoisgruppe $\mathfrak{G}_{\mathfrak{p}}$ von $M_{\mathfrak{p}}/R_{\mathfrak{p}}$, indem man jedem Automorphismus S_p von M/R denjenigen Automorphismus $S_{\mathfrak{p}}$ von $M_{\mathfrak{p}}/R_{\mathfrak{p}}$ zuordnet, der durch Anwendung von S_p auf die durch Elemente aus M repräsentierten Restklassen mod $\mathfrak{p}$ aus $M_{\mathfrak{p}}$ entsteht, wobei die vor (1.) gemachte Bemerkung zu beachten ist, daß $\mathfrak{p}$ in M zum $\boldsymbol{t} \times \boldsymbol{u}_{1\mathfrak{p}} \times \boldsymbol{u}_{2\mathfrak{p}}$-Funktionalprimdivisor im Sinne von § 4, 3 wird. Der durch Zusammensetzung entstehende Homomorphismus $S \to S_p \longleftrightarrow S_{\mathfrak{p}}$ sei der *Resthomomorphismus* von $\mathfrak{G}$ auf $\mathfrak{G}_{\mathfrak{p}}$ genannt. Sein Kern ist die Komponente $\mathfrak{Q}$ von p-Potenzordnung von $\mathfrak{G}$.

In der Charaktergruppe X von $\mathfrak{G}$ ist die Charaktergruppe X_p von $\mathfrak{G}_p$ als die Komponente von zu p primer Ordnung enthalten, und diese Untergruppe ist zur Charaktergruppe $\mathsf{X}_{\mathfrak{p}}$ von $\mathfrak{G}_{\mathfrak{p}}$ isomorph. Es soll ein arithmetisch ausgezeichneter Isomorphismus von X_p auf $\mathsf{X}_{\mathfrak{p}}$ angegeben und mit dem Resthomomorphismus von $\mathfrak{G}$ auf $\mathfrak{G}_{\mathfrak{p}}$ in Beziehung gesetzt werden. Hierzu werden die folgenden bekannten expliziten Darstellungen der Charaktergruppen X, X_p und $\mathsf{X}_{\mathfrak{p}}$ zugrundegelegt.[1])

1. Die Charaktergruppe X der Galoisgruppe $\mathfrak{G}$ von K/R erhält man in expliziter Darstellung aus der Radikalklassengruppe $U/R^{\times}$ von K/R. Diese wird repräsentiert durch die Faktorbasis

$$u = u_1^{\mu_1} u_2^{\mu_2} \quad \text{mit} \quad u_1 = \sqrt[m_1]{t}, \; u_2 = \sqrt[m_2]{1-t}$$

von K/R, wobei es für die Radikalklassen $uR^{\times}$ nur auf die Exponentenrestklassen μ_1 mod m_1, μ_2 mod m_2 ankommt. Durch die Faktorbasiseigenschaft

$$u^S = \chi(S)\, u \qquad (S \text{ in } \mathfrak{G})$$

wird dann ein Isomorphismus $uR^{\times} \longleftrightarrow \chi$ von $U/R^{\times}$ auf X geliefert, bei dem jeder Radikalklasse $uR^{\times}$ von K/R derjenige Charakter χ von $\mathfrak{G}$ zugeordnet ist, dessen Werte $\chi(S)$ bei Anwendung der Automorphismen S von K/R auf das Radikal u an dieses als Einheitswurzelfaktoren herantreten. Die so den Basisradikalen u_1, u_2 zugeordneten Basischaraktere seien mit χ_1, χ_2 bezeichnet. Der angegebenen Basisdarstellung von $U/R^{\times}$ entspricht dann die Basisdarstellung

$$\chi = \chi_1^{\mu_1} \chi_2^{\mu_2} \qquad (\mu_1 \bmod m_1, \quad \mu_2 \bmod m_2)$$

von X. Sie liefert eine *isomorphe Darstellung der Charaktere χ von $\mathfrak{G}$ durch Restklassenpaare* $\frac{\mu_1}{m_1}, \frac{\mu_2}{m_2} \bmod^+ 1$. Diese Darstellung von X ist dem arithmetischen Funktionenkörper K vom speziellen Fermatschen Typus in dem Sinne invariant zugeordnet, daß sie nach Auszeichnung der Transzendenten t aus K eindeutig festliegt. Im folgenden wird in diesem Sinne von dem *Restklassenpaar* $\frac{\mu_1}{m_1}, \frac{\mu_2}{m_2} \bmod^+ 1$ oder auch von dem *Exponentenpaar* μ_1 mod m_1, μ_2 mod m_2 *eines Charakters χ von $\mathfrak{G}$* geredet, entsprechend auch für die anschließend zu behandelnden Charaktere χ_p von $\mathfrak{G}_p$ und $\chi_{\mathfrak{p}}$ von $\mathfrak{G}_{\mathfrak{p}}$.

2. Für den Komponentenkörper M/R mit der Galoisgruppe $\mathfrak{G}_p = \mathfrak{G}/\mathfrak{Q}$ ergeben sich die Radikalklassengruppe $U_p/R^{\times}$ und die Charaktergruppe X_p als die Komponenten zu p primer Ordnung von $U/R^{\times}$ und X, gekennzeichnet durch die Exponentenkongruenzen $\mu_1 \equiv 0 \bmod q_1$, $\mu_2 \equiv 0 \bmod q_2$ oder also durch

$$\mu_1 \equiv \mu_{1p}\, q_1 \bmod m_1, \quad \mu_2 \equiv \mu_{2p}\, q_2 \bmod m_2 \qquad (\mu_{1p} \bmod m_{1p}, \quad \mu_{2p} \bmod m_{2p}),$$

und man hat dementsprechend hier den Formalismus:

$$u_p = u_{1p}^{\mu_{1p}} u_{2p}^{\mu_{2p}} \text{ mit } u_{1p} = u_1^{q_1} = \sqrt[m_{1p}]{t}, \quad u_{2p} = u_2^{q_2} = \sqrt[m_{2p}]{1-t},$$

$$u_p^S = \chi_p(S)\, u_p \text{ (wobei es nur auf } S_p = S\mathfrak{Q} \text{ in } \mathfrak{G}_p = \mathfrak{G}/\mathfrak{Q} \text{ ankommt)},$$

$$\chi_p = \chi_{1p}^{\mu_{1p}} \chi_{2p}^{\mu_{2p}} \text{ mit } \chi_{1p} = \chi_1^{q_1}, \; \chi_{2p} = \chi_2^{q_2}.$$

[1]) Zur verwendeten Terminologie siehe Hasse [10, § 2].

Die durch K und t invariant festgelegte isomorphe Darstellung der Charaktere χ_p von $\mathfrak{G}_p$ durch Restklassenpaare mod$^+$ 1 ist gemäß

$$\frac{\mu_1}{m_1} \equiv \frac{\mu_{1p}}{m_{1p}}, \quad \frac{\mu_2}{m_2} \equiv \frac{\mu_{2p}}{m_{2p}} \mod^+ 1$$

in die zuvor genannte isomorphe Darstellung der Charaktere χ von $\mathfrak{G}$ durch Restklassenpaare mod$^+$ 1 eingebettet.

3. Für den Restklassenkörper $M_\mathfrak{p}/R_\mathfrak{p}$ mit der Galoisgruppe $\mathfrak{G}_\mathfrak{p}$ leitet sich die Charaktergruppe $\mathsf{X}_\mathfrak{p}$ entsprechend aus der Radikalklassengruppe $U_\mathfrak{p}/R_\mathfrak{p}^\times$ her. Diese entsteht nach Satz 2, unter Beachtung der Bemerkung vor (1.), einfach durch Restklassenbildung mod $\mathfrak{p}$ aus $U_p/R^\times$, und man hat dementsprechend hier, von der obigen im Kongruenzsinne mod $\mathfrak{p}$ verstandenen Faktorbasis

$$u_p \equiv u_{1p}^{\mu_{1p}} u_{2p}^{\mu_{2p}} \mod \mathfrak{p} \quad \text{mit} \quad u_{1p} \equiv \sqrt[m_{1p}]{t}, \; u_{2p} \equiv \sqrt[m_{2p}]{1-t} \mod \mathfrak{p}$$

ausgehend, den Formalismus:

$$u_p^{S_\mathfrak{p}} \equiv \chi_\mathfrak{p}(S_\mathfrak{p})\, u_p \mod \mathfrak{p} \qquad (S_\mathfrak{p} \text{ in } \mathfrak{G}_\mathfrak{p}),$$
$$\chi_\mathfrak{p} \equiv \chi_{1\mathfrak{p}}^{\mu_{1p}} \chi_{2\mathfrak{p}}^{\mu_{2p}},$$

wo $\chi_{1\mathfrak{p}}, \chi_{2\mathfrak{p}}$ die Basischaraktere zu den Basisradikalen u_{1p}, u_{2p} mod $\mathfrak{p}$ bezeichnen. Die durch K und t invariant festgelegte isomorphe Darstellung der Charaktere $\chi_\mathfrak{p}$ von $\mathfrak{G}_\mathfrak{p}$ durch Restklassenpaare mod$^+$ 1 ist dabei wieder durch die Restklassenpaare $\frac{\mu_{1p}}{m_{1p}}, \frac{\mu_{2p}}{m_{2p}}$ mod$^+$ 1 gegeben.

Um hierbei die Charaktere $\chi_\mathfrak{p}$ von $\mathfrak{G}_\mathfrak{p}$ im gewöhnlichen Sinne, nämlich mit Einheitswurzelwerten aus dem Körper K der Charakteristik 0 zu erhalten, hat man in der Faktorbasiseigenschaft die bei $S_\mathfrak{p}$ an den Radikalen u_p mod $\mathfrak{p}$ aus $M_\mathfrak{p}$ auftretenden Einheitswurzelfaktoren aus dem Körper $\mathsf{K}_\mathfrak{p}$ der Charakteristik p als durch Einheitswurzeln $\chi_\mathfrak{p}(S_\mathfrak{p})$ aus K repräsentiert zu denken, für die es nur auf die Restklassen $\chi_\mathfrak{p}(S_\mathfrak{p})$ mod $\mathfrak{p}$ ankommt; man beachte dazu, daß die Einheitswurzeln aus K von zu p primer Ordnung durch ihre Kongruenzwerte mod $\mathfrak{p}$ eindeutig festgelegt sind (während die Einheitswurzeln aus K von p-Potenzordnung $\equiv 1$ mod $\mathfrak{p}$ sind).

Diese konkrete Auffassungsweise der Elemente aus den auftretenden Restklassenkörpern, wie sie auch schon in Satz 2 für die dortige Transzendente $t_\mathfrak{p}$ mod $\mathfrak{p}$ aus $K_\mathfrak{p}$ und hier für die Radikale u_p mod $\mathfrak{p}$ aus $M_\mathfrak{p}$ zugrundegelegt wurde, ist für die beabsichtigte Untersuchung des Produkts der Kongruenzzetafunktionen $\zeta_{K_\mathfrak{p}}(s)$ über alle Primdivisoren $\mathfrak{p}$ von K von entscheidender Bedeutung. Mit der bei festem $\mathfrak{p}$ üblichen Auffassung der Radikale und Charakterwerte als Elemente des abstrakten Kongruenzfunktionenkörpers $M_\mathfrak{p}$ bzw. des abstrakten endlichen Konstantenkörpers $\mathsf{K}_\mathfrak{p}$ kommt man bei der vorliegenden Aufgabe nicht aus.[1])

Durch die Basiszuordnung $\chi_{1p} \longleftrightarrow \chi_{1\mathfrak{p}}$, $\chi_{2p} \longleftrightarrow \chi_{2\mathfrak{p}}$ wird nun ein bestimmter Isomorphismus $\chi_p \longleftrightarrow \chi_\mathfrak{p}$ von X_p auf $\mathsf{X}_\mathfrak{p}$ festgelegt, der nach dem Gesagten invariant durch das Übereinstimmen der den Charakteren $\chi_p, \chi_\mathfrak{p}$ isomorph zugeordneten Restklassenpaare $\frac{\mu_{1p}}{m_{1p}}, \frac{\mu_{2p}}{m_{2p}}$ mod$^+$ 1 gekennzeichnet ist. Geht man in der Faktorbasiseigenschaft

$$u_p^S = \chi_p(S)\, u_p \text{ (wobei es nur auf } S_p = S\mathfrak{Q} \text{ in } \mathfrak{G}_p = \mathfrak{G}/\mathfrak{Q} \text{ ankommt)}$$

[1]) Siehe übrigens auch schon die in Hasse [8, (12.)] bei der Definition der Potenzrestsymbole in einem Kongruenzfunktionenkörper vorgenommene Verankerung in einem Einheitswurzelkörper der Charakteristik 0. Dort erscheint diese Verankerung gekünstelt, hier dagegen naturgemäß, weil der die m-ten Einheitswurzeln enthaltende algebraische Zahlkörper K hier zu den am Ausgang der Untersuchung stehenden Gegebenheiten gehört, während er dort ad hoc eingeführt werden mußte. Die dort gekünstelt, hier naturgemäß normierten Potenzrestsymbole werden im weiteren Verlauf der Untersuchung noch heranzuziehen sein (siehe § 6, 3).

zur Kongruenz mod $\mathfrak{p}$ über und vergleicht mit der Faktorbasiseigenschaft

$$u_p^{S_\mathfrak{p}} \equiv \chi_\mathfrak{p}(S_\mathfrak{p})\, u_p \bmod \mathfrak{p} \qquad (S_\mathfrak{p} \text{ in } \mathfrak{G}_\mathfrak{p}),$$

so erkennt man, daß bei dem oben angegebenen Isomorphismus $\chi_p \longleftrightarrow \chi_\mathfrak{p}$ von X_p auf $\mathsf{X}_\mathfrak{p}$ und dem oben definierten Resthomomorphismus $S \to S_\mathfrak{p}$ von $\mathfrak{G}$ auf $\mathfrak{G}_\mathfrak{p}$ die Charakterwerte die Kongruenzeigenschaft

$$\chi_p(S) \equiv \chi_\mathfrak{p}(S_\mathfrak{p}) \bmod \mathfrak{p}$$

haben. Nach dem zuvor über die Kongruenzfestlegung von Einheitswurzeln zu p primer Ordnung aus K Gesagten ist der Isomorphismus $\chi_p \longleftrightarrow \chi_\mathfrak{p}$ auch durch diese Kongruenzeigenschaft eindeutig gekennzeichnet. Er werde im Hinblick hierauf der *Restisomorphismus* von X_p auf $\mathsf{X}_\mathfrak{p}$ genannt und kurz in der Form

$$\chi_p \equiv \chi_\mathfrak{p} \bmod \mathfrak{p}$$

geschrieben.

Im regulären Falle $\mathfrak{p} \nmid m$ wird durch den Restisomorphismus die volle Charaktergruppe $\mathsf{X}_p = \mathsf{X}$ von $\mathfrak{G}$ isomorph auf die Charaktergruppe $\mathsf{X}_\mathfrak{p}$ von $\mathfrak{G}_\mathfrak{p}$ abgebildet, im irregulären Falle $\mathfrak{p} \mid m$ dagegen nur eine echte Untergruppe X_p von X.

§ 6. Aufspaltung der Kongruenzzetafunktion in Kongruenz-L-Funktionen

1. In den allgemeinen Formeln aus § 3, 3 für die einem Primdivisor $\mathfrak{p}$ von K zugeordnete Kongruenzzetafunktion $\zeta_{K_\mathfrak{p}}(s)$ ist beim speziellen Fermatschen Typus nach § 5, 3, Satz 2 durchweg $\tilde{\mathsf{K}}_\mathfrak{p} = \mathsf{K}_\mathfrak{p}$, also $\tilde{R}_\mathfrak{p} = R_\mathfrak{p}$ und $r_\mathfrak{p} = 1$. Man hat demnach hier einfacher

$$\zeta_{K_\mathfrak{p}}(s) = \zeta_{R_\mathfrak{p}}(s)\, L_{K_\mathfrak{p}}(s)$$

mit

$$\zeta_{R_\mathfrak{p}}(s) = \frac{1}{1-\dfrac{1}{\mathfrak{N}(\mathfrak{p})^s}}\;\frac{1}{1-\dfrac{\mathfrak{N}(\mathfrak{p})}{\mathfrak{N}(\mathfrak{p})^s}}$$

und

$$L_{K_\mathfrak{p}}(s) = 1 - \frac{\mathfrak{N}(\mathfrak{p}) + 1 - N_1(\mathfrak{p})}{\mathfrak{N}(\mathfrak{p})^s} + \cdots + \frac{\mathfrak{N}(\mathfrak{p})^{g_\mathfrak{p}}}{\mathfrak{N}(\mathfrak{p})^{2g_\mathfrak{p} s}} = \prod_{i=1}^{2g_\mathfrak{p}} \left(1 - \frac{\omega_i(\mathfrak{p})}{\mathfrak{N}(\mathfrak{p})^s}\right),$$

wo $2g_\mathfrak{p}$ das in § 5, 3, Satz 2 angegebene doppelte Geschlecht von $K_\mathfrak{p}$ und

$$N_1(\mathfrak{p}) = \sum_{\mathfrak{N}(\mathfrak{P}_\mathfrak{p}) = \mathfrak{N}(\mathfrak{p})} 1$$

die Anzahl der Primdivisoren ersten Grades $\mathfrak{P}_\mathfrak{p}$ von $K_\mathfrak{p}$ ist.

Für den nicht-trivialen Bestandteil der Kongruenzzetafunktion $\zeta_{K_\mathfrak{p}}(s)$, das *L-Polynom* $L_{K_\mathfrak{p}}(s)$ in $\dfrac{1}{\mathfrak{N}(\mathfrak{p})^s}$, sind die $2g_\mathfrak{p}$ Nullstellen $\omega_i(\mathfrak{p})$ in Davenport-Hasse [1] explizit als Charaktersummen im endlichen Körper $\mathsf{K}_\mathfrak{p}$ von $\mathfrak{N}(\mathfrak{p})$ Elementen bestimmt worden. Der hier verfolgte Zweck macht es erforderlich, diese Bestimmung in ein strafferes gruppentheoretisches Gewand zu setzen, was nachstehend geschehen soll. Dabei kann der zu untersuchende Körper $K_\mathfrak{p}$ gemäß § 5, 3, Satz 2 isomorph durch seinen größten separablen Teilkörper $M_\mathfrak{p} = K_\mathfrak{p}^{q_\mathfrak{p}}$ über $R_\mathfrak{p}$ repräsentiert gedacht werden. Andernfalls hätte man gemäß § 5, 3, (3.) statt mit der festen Transzendenten t mit einer besonderen Transzendenten $t_\mathfrak{p}$ für jedes $\mathfrak{p}$ zu arbeiten, und die Formeln würden durch das Hinzukommen des Zusammenhangs $t_\mathfrak{p}^{q_\mathfrak{p}} \equiv t \bmod \mathfrak{p}$ belastet werden.

2. Der bizyklische Körper

$$M_\mathfrak{p} = R_\mathfrak{p}\left(\sqrt[m_{1\mathfrak{p}}]{t},\ \sqrt[m_{2\mathfrak{p}}]{1-t}\right)$$

ist Klassenkörper zu einer Kongruenzklasseneinteilung im rationalen Teilkörper

$$R_\mathfrak{p} = \mathsf{K}_\mathfrak{p}(t),$$

deren Führer sich aus den Primdivisorquotientendarstellungen

$$t \cong \frac{\mathfrak{U}_{1\mathfrak{p}}}{\mathfrak{U}_{0\mathfrak{p}}},\quad 1-t \cong \frac{\mathfrak{U}_{2\mathfrak{p}}}{\mathfrak{U}_{0\mathfrak{p}}} \bmod \mathfrak{p}$$

der Radikanden in $R_\mathfrak{p}$ zu $\mathfrak{U}_{1\mathfrak{p}}\,\mathfrak{U}_{2\mathfrak{p}}\,\mathfrak{U}_{0\mathfrak{p}}$ ergibt. Demnach hat man für das L-Polynom $L_{K_\mathfrak{p}}(s) = L_{M_\mathfrak{p}}(s)$ die Aufspaltung

(1.) $$L_{K_\mathfrak{p}}(s) = \prod_{\chi_\mathfrak{p} \neq 1} L_{R_\mathfrak{p}}(s\,|\,\chi_\mathfrak{p})$$

in die Kongruenz-L-Funktionen $L_{R_\mathfrak{p}}(s\,|\,\chi_\mathfrak{p})$ zu den Charakteren $\chi_\mathfrak{p} \neq 1$ der Galoisgruppe $\mathfrak{G}_\mathfrak{p}$ von $M_\mathfrak{p}/R_\mathfrak{p}$.

Dabei sind die L-Funktionen zunächst im Artinschen, gruppentheoretischen Sinne verstanden. Zu den L-Funktionen im gewöhnlichen, klassenkörpertheoretischen Sinne gelangt man, indem man die Elemente $S_\mathfrak{p}$ aus $\mathfrak{G}_\mathfrak{p}$ durch das Artinsymbol

(2.) $$S_\mathfrak{p} = \left(\frac{M_\mathfrak{p}/R_\mathfrak{p}}{\mathfrak{A}_\mathfrak{p}}\right)$$

isomorph auf die Klassen der zum Führer $\mathfrak{U}_{1\mathfrak{p}}\,\mathfrak{U}_{2\mathfrak{p}}\,\mathfrak{U}_{0\mathfrak{p}}$ primen Divisoren $\mathfrak{A}_\mathfrak{p}$ bei der genannten Kongruenzklasseneinteilung in $R_\mathfrak{p}$ bezieht. Dabei werden ja die Charaktere $\chi_\mathfrak{p}$ von $\mathfrak{G}_\mathfrak{p}$ vermöge der Festsetzung

(3.) $$\chi_\mathfrak{p}(S_\mathfrak{p}) = \chi_\mathfrak{p}(\mathfrak{A}_\mathfrak{p})$$

zu Kongruenzcharakteren $\chi_\mathfrak{p}$ in $R_\mathfrak{p}$, die man dann kurz die Charaktere $\chi_\mathfrak{p}$ von $M_\mathfrak{p}/R_\mathfrak{p}$ oder auch von $K_\mathfrak{p}/R_\mathfrak{p}$ nennt.

Da ein Kongruenzcharakter in $R_\mathfrak{p}$ als Führer nicht einen einzelnen Primdivisor ersten Grades von $R_\mathfrak{p}$ haben kann, weil ja dessen prime Restklassengruppe durch Elemente $\neq 0$ aus $\mathsf{K}_\mathfrak{p}$, also durch Einheiten aus $R_\mathfrak{p}$ repräsentierbar ist, so kommen als Führer eines Charakters $\chi_\mathfrak{p} \neq 1$ von $M_\mathfrak{p}/R_\mathfrak{p}$ nur erstens die drei Teilführer $\mathfrak{U}_{1\mathfrak{p}}\,\mathfrak{U}_{0\mathfrak{p}}$, $\mathfrak{U}_{2\mathfrak{p}}\,\mathfrak{U}_{0\mathfrak{p}}$, $\mathfrak{U}_{1\mathfrak{p}}\,\mathfrak{U}_{2\mathfrak{p}}$ vom Grade 2 und zweitens der volle Führer $\mathfrak{U}_{1\mathfrak{p}}\,\mathfrak{U}_{2\mathfrak{p}}\,\mathfrak{U}_{0\mathfrak{p}}$ vom Grade 3 in Frage, und zwar ist das erste oder zweite der Fall, je nachdem $\chi_\mathfrak{p}$ bereits Charakter eines der drei rationalen, zyklischen Teilkörper

$$R_\mathfrak{p}\left(\sqrt[m_{1\mathfrak{p}}]{t}\right),\quad R_\mathfrak{p}\left(\sqrt[m_{2\mathfrak{p}}]{1-t}\right),\quad R_\mathfrak{p}\left(\sqrt[m_{0\mathfrak{p}}]{\frac{t}{1-t}}\right)$$

von $M_\mathfrak{p}/R_\mathfrak{p}$ ist oder nicht. Diese Alternative sei kurz mit

$$\chi_\mathfrak{p} \sim 1 \quad \text{oder} \quad \chi_\mathfrak{p} \nsim 1$$

bezeichnet.

Wie in Hasse [8] gezeigt, ist nun allgemein eine L-Funktion zu einem Kongruenzcharakter $\chi_\mathfrak{p} \neq 1$ in $R_\mathfrak{p}$ ein Polynom in $\frac{1}{\mathfrak{N}(\mathfrak{p})^s}$, dessen Grad um 2 kleiner ist als der Führergrad von $\chi_\mathfrak{p}$. Daher hat man für $\chi_\mathfrak{p} \neq 1$ im vorliegenden Falle

(4.) $$L_{R_\mathfrak{p}}(s\,|\,\chi_\mathfrak{p}) = 1 - \frac{\omega(\chi_\mathfrak{p})}{\mathfrak{N}(\mathfrak{p})^s}\begin{cases} = 1, & \text{wenn } \chi_\mathfrak{p} \sim 1 \\ \neq 1, & \text{wenn } \chi_\mathfrak{p} \nsim 1 \end{cases},$$

mit genau einer Nullstelle $\omega(\chi_\mathfrak{p})$ in $\mathfrak{N}(\mathfrak{p})^s$, die im ersten Falle $= 0$, im zweiten Falle $\neq 0$ ist. Diese bestimmt sich durch Berechnung des Koeffizienten von $\frac{1}{\mathfrak{N}(\mathfrak{p})^s}$ aus dem Eulerschen Produkt für $L_{R_\mathfrak{p}}(s|\chi_\mathfrak{p})$ als die Charaktersumme

$$\omega(\chi_\mathfrak{p}) = -\sum_{\mathfrak{N}(\mathfrak{P}_\mathfrak{p}) = \mathfrak{N}(\mathfrak{p})} \chi_\mathfrak{p}(\mathfrak{P}_\mathfrak{p}), \tag{5.}$$

wo $\mathfrak{P}_\mathfrak{p}$ die Primdivisoren ersten Grades von $R_\mathfrak{p}$ durchläuft und $\chi_\mathfrak{p}(\mathfrak{P}_\mathfrak{p}) = 0$ gerechnet wird, falls $\mathfrak{P}_\mathfrak{p} = \mathfrak{U}_{1\mathfrak{p}}, \mathfrak{U}_{2\mathfrak{p}}, \mathfrak{U}_{0\mathfrak{p}}$ im Führer von $\chi_\mathfrak{p}$ steckt.

Für die $2g_\mathfrak{p}$ Nullstellen $\neq 0$ in $\mathfrak{N}(\mathfrak{p})^s$ des L-Polynoms — die Nullstellen $= 0$ in $\mathfrak{N}(\mathfrak{p})^s$ können außer Acht bleiben, da sie in $\frac{1}{\mathfrak{N}(\mathfrak{p})^s}$ fortfallen — ist damit anstelle der bloßen Aufzählung $\omega_i(\mathfrak{p})$ eine Zuordnung $\omega(\chi_\mathfrak{p})$ zu den Charakteren $\chi_\mathfrak{p} \nsim 1$ der Galoisgruppe $\mathfrak{G}_\mathfrak{p}$ von $M_\mathfrak{p}/R_\mathfrak{p}$ gewonnen. Daß die Anzahl der $\chi_\mathfrak{p} \nsim 1$ gerade gleich dem doppelten Geschlecht $2g_\mathfrak{p} = (m_{1\mathfrak{p}} - 1)(m_{2\mathfrak{p}} - 1) - (m_{0\mathfrak{p}} - 1)$ von $M_\mathfrak{p}$ ist, erkennt man auch direkt aus der angegebenen Bedeutung der Relation $\chi_\mathfrak{p} \nsim 1$.

3. Der weiter in Davenport-Hasse [1] vollzogenen Umrechnung der Charaktersummen (5.) im rationalen Kongruenzfunktionenkörper $R_\mathfrak{p}$ auf Charaktersummen in seinem endlichen Konstantenkörper $\mathsf{K}_\mathfrak{p}$ liegt der folgende gruppentheoretisch-arithmetische Formalismus zugrunde.

Sei $\mathsf{X}_\mathfrak{p}$ die bereits in § 5, 4 betrachtete Charaktergruppe von $\mathfrak{G}_\mathfrak{p}$, hier als Charaktergruppe von $M_\mathfrak{p}/R_\mathfrak{p}$ aufgefaßt. Sei ferner $\mathsf{Y}_\mathfrak{p}$ die Gruppe der Charakterpaare $\psi_{1\mathfrak{p}}, \psi_{2\mathfrak{p}}$ der Multiplikationsgruppe $\mathsf{K}_\mathfrak{p}^\times$ zu den Exponenten $m_{1\mathfrak{p}}, m_{2\mathfrak{p}}$. Beide Gruppen sind bizyklisch vom Typus $\{m_{1\mathfrak{p}}, m_{2\mathfrak{p}}\}$, also zueinander isomorph. Man erhält einen arithmetisch ausgezeichneten Isomorphismus von $\mathsf{X}_\mathfrak{p}$ auf $\mathsf{Y}_\mathfrak{p}$, indem man arithmetisch ausgezeichnete Basen in Gestalt von $m_{1\mathfrak{p}}, m_{2\mathfrak{p}}$-ten Potenzrestsymbolen in $R_\mathfrak{p}$ bzw. in K mod $\mathfrak{p}$ einander zuordnet.

Für die Charaktergruppe $\mathsf{X}_\mathfrak{p}$ wurden bereits in § 5, 4 durch die Zuordnung zu den Basisradikalen $u_{1\mathfrak{p}} \equiv \sqrt[m_{1\mathfrak{p}}]{t}$, $u_{2\mathfrak{p}} \equiv \sqrt[m_{2\mathfrak{p}}]{1-t}$ mod $\mathfrak{p}$ Basischaraktere $\chi_{1\mathfrak{p}}, \chi_{2\mathfrak{p}}$ festgelegt. Vollzieht man in diesen Basischarakteren durch Anwendung des Artinsymbols (2.) den Übergang (3.) von Gruppencharakteren zu Kongruenzcharakteren, so erhält man nach der Definition in Hasse [8] die mit den Basisradikanden t, $1 - t$ gebildeten Potenzrestsymbole

$$\chi_{1\mathfrak{p}}(\mathfrak{A}_\mathfrak{p}) = \left(\frac{t}{\mathfrak{A}_\mathfrak{p}}\right)_{m_{1\mathfrak{p}}}, \quad \chi_{2\mathfrak{p}}(\mathfrak{A}_\mathfrak{p}) = \left(\frac{1-t}{\mathfrak{A}_\mathfrak{p}}\right)_{m_{2\mathfrak{p}}} \tag{6.}$$

in $R_\mathfrak{p}$. Die Argumente $\mathfrak{A}_\mathfrak{p}$ sind dabei die zum Teilführer $\mathfrak{U}_{1\mathfrak{p}}\mathfrak{U}_{0\mathfrak{p}}$ bzw. $\mathfrak{U}_{2\mathfrak{p}}\mathfrak{U}_{0\mathfrak{p}}$ primen Divisoren von $R_\mathfrak{p}$.

Spezialisiert man diese Argumente $\mathfrak{A}_\mathfrak{p}$ auf Primdivisoren ersten Grades $\mathfrak{P}_\mathfrak{p}$ von $R_\mathfrak{p}$, mit den zugeordneten linearen Primpolynomen

$$t - \tau \cong \frac{\mathfrak{P}_\mathfrak{p}}{\mathfrak{U}_{0\mathfrak{p}}} \quad \text{mod } \mathfrak{p} \quad (\tau \text{ aus } \mathsf{K}), \tag{7.}$$

wo $\tau \not\equiv 0, \infty$ bzw. $1, \infty$ mod $\mathfrak{p}$ (∞ mod $\mathfrak{p}$ bedeutet gebrochen für $\mathfrak{p}$), so berechnen sich die Potenzrestsymbole (6.) in $R_\mathfrak{p}$ mit variablem Nenner $\mathfrak{P}_\mathfrak{p}$ im Hinblick auf $t \equiv \tau$ mod $(\mathfrak{p}, \mathfrak{P}_\mathfrak{p})$ nach Hasse [8] als

$$\left(\frac{t}{\mathfrak{P}_\mathfrak{p}}\right)_{m_{1\mathfrak{p}}} = \left(\frac{\tau}{\mathfrak{p}}\right)_{m_{1\mathfrak{p}}}, \quad \left(\frac{1-t}{\mathfrak{P}_\mathfrak{p}}\right)_{m_{2\mathfrak{p}}} = \left(\frac{1-\tau}{\mathfrak{p}}\right)_{m_{2\mathfrak{p}}}, \tag{8.}$$

also als Potenzrestsymbole mod $\mathfrak{p}$ in K mit variablem Zähler $\xi \equiv \tau$ bzw. $1 - \tau$ mod $\mathfrak{p}$.

Diese letzteren beiden Potenzrestsymbole mod $\mathfrak{p}$ in K sind, als Funktionen ihres Arguments $\xi \not\equiv 0, \infty$ mod $\mathfrak{p}$ aus K, ein Paar erzeugender Charaktere

$$(9.)\qquad \pi_{1\mathfrak{p}}(\xi) = \left(\frac{\xi}{\mathfrak{p}}\right)_{m_{1p}}, \quad \pi_{2\mathfrak{p}}(\xi) = \left(\frac{\xi}{\mathfrak{p}}\right)_{m_{2p}}$$

von $\mathsf{K}_\mathfrak{p}^\times$ zu den Exponenten m_{1p}, m_{2p}. Sie liefern in Gestalt der Charakterpaare

$$(\pi_{1\mathfrak{p}}, 1), \qquad (1, \pi_{2\mathfrak{p}})$$

eine Basis der oben definierten Charakterpaargruppe $\Psi_\mathfrak{p}$.

Die so festgelegten Basen von $\mathsf{X}_\mathfrak{p}$ und $\Psi_\mathfrak{p}$ sind durch die Zugrundelegung der Potenzrestsymbole arithmetisch ausgezeichnet. Man beachte, daß auch hier wieder, wie bei den Einheitswurzelfaktoren in § 5, 4, der Restklassenkörper $\mathsf{K}_\mathfrak{p}$ als durch Elemente ξ aus K repräsentiert gedacht wird, für die es nur auf die Restklassen ξ mod $\mathfrak{p}$ ankommt. Erst durch diese Rückverankerung im Körper K der Charakteristik 0, dem die Werte der Potenzrestsymbole angehören, wird es möglich, unter allen Charakteren gegebener Ordnung einen bestimmten durch eine arithmetische Vorschrift auszuzeichnen.[1]) Diese arithmetische Vorschrift ist für die Potenzrestsymbole das Eulersche Kriterium oder, wenn man auf ihre Definition mittels des Artinsymbols zurückgeht, die Auszeichnung des ihm zugrundeliegenden Frobeniusautomorphismus unter allen Erzeugenden der Zerlegungsgruppe.

Nach alledem erhält man einen arithmetisch ausgezeichneten Isomorphismus von $\mathsf{X}_\mathfrak{p}$ auf $\Psi_\mathfrak{p}$ durch die Zuordnungsvorschrift

$$\chi_{1\mathfrak{p}} \longleftrightarrow (\pi_{1\mathfrak{p}}, 1), \qquad \chi_{2\mathfrak{p}} \longleftrightarrow (1, \pi_{2\mathfrak{p}})$$

für die Basiselemente und dann allgemein

$$(10.)\qquad \chi_\mathfrak{p} = \chi_{1\mathfrak{p}}^{\mu_{1p}} \chi_{2\mathfrak{p}}^{\mu_{2p}} \longleftrightarrow (\psi_{1\mathfrak{p}}, \psi_{2\mathfrak{p}}) = \left(\pi_{1\mathfrak{p}}^{\mu_{1p}}, \pi_{2\mathfrak{p}}^{\mu_{2p}}\right) \quad (\mu_{1p} \bmod m_{1p}, \ \mu_{2p} \bmod m_{2p}).$$

Dieser Isomorphismus kann auch folgendermaßen beschrieben werden. Die Gruppe der m_p-ten Charaktere $\psi_\mathfrak{p}$ von $\mathsf{K}_\mathfrak{p}^\times$ wird auf Grund der arithmetisch ausgezeichneten Basisdarstellung

$$\psi_\mathfrak{p} = \pi_\mathfrak{p}^{\mu_p} \qquad (\mu_p \bmod m_p),$$

wo $\pi_\mathfrak{p}$ das m_p-te Potenzrestsymbol mod $\mathfrak{p}$ in K bedeutet, isomorph durch die Gruppe der Restklassen $\frac{\mu_p}{m_p}$ mod$^+$ 1 dargestellt. Dabei stellen sich die Potenzrestsymbole $\pi_{1\mathfrak{p}}$, $\pi_{2\mathfrak{p}}$ zu den Exponenten m_{1p}, m_{2p} durch die Restklassen $\frac{1}{m_{1p}}$, $\frac{1}{m_{2p}}$ mod$^+$ 1 dar, und daher die Charakterpaare $\psi_{1\mathfrak{p}}$, $\psi_{2\mathfrak{p}}$ aus (10.) durch die Restklassenpaare $\frac{\mu_{1p}}{m_{1p}}$, $\frac{\mu_{2p}}{m_{2p}}$ mod$^+$ 1. Der Isomorphismus (10.) von $\mathsf{X}_\mathfrak{p}$ auf $\Psi_\mathfrak{p}$ ist dann einfach durch das Übereinstimmen der zugeordneten Restklassenpaare mod$^+$ 1 bei der invarianten isomorphen Darstellung von $\mathsf{X}_\mathfrak{p}$ aus § 5, 4 und der eben angegebenen, arithmetisch ausgezeichneten, isomorphen Darstellung von $\Psi_\mathfrak{p}$ gekennzeichnet.

Bei dem Isomorphismus (10.) vom $\mathsf{X}_\mathfrak{p}$ auf $\Psi_\mathfrak{p}$ gilt für Primdivisoren ersten Grades $\mathfrak{P}_\mathfrak{p}$ von $R_\mathfrak{p}$ nach (6.), (7.), (8.), (9.) die Beziehung

$$(11.)\qquad \chi_\mathfrak{p}(\mathfrak{P}_\mathfrak{p}) = \psi_{1\mathfrak{p}}(\tau)\, \psi_{2\mathfrak{p}}(1 - \tau), \text{ wenn } t \equiv \tau \bmod (\mathfrak{p}, \mathfrak{P}_\mathfrak{p}) \ (\tau \text{ aus } \mathsf{K}),$$

---

[1]) Siehe das hierzu bereits in der Fußnote zu § 5, 4 Gesagte.

und zwar zunächst nur für $\mathfrak{P}_\mathfrak{p} \neq \mathfrak{U}_{1\mathfrak{p}}, \mathfrak{U}_{2\mathfrak{p}}, \mathfrak{U}_{0\mathfrak{p}}$, aber auch ohne diese Einschränkung, wenn man, der Verabredung bei (5.) über $\chi_\mathfrak{p}$ entsprechend, für einen Charakter $\psi_\mathfrak{p} \neq 1$ von $K_\mathfrak{p}^\times$ festsetzt, daß im allgemeinen

(12.) $$\psi_\mathfrak{p}(\tau) = 0 \qquad \text{für} \qquad \tau \equiv 0, \infty \bmod \mathfrak{p},$$

jedoch speziell

(12'.) $$\psi_\mathfrak{p}(\tau)\,\psi_\mathfrak{p}^{-1}(1-\tau) = \psi_\mathfrak{p}\left(\frac{\tau}{1-\tau}\right) = \psi_\mathfrak{p}(-1) \qquad \text{für } \tau \equiv \infty \bmod \mathfrak{p}$$

gerechnet werden soll, während für $\psi_\mathfrak{p} = 1$ durchweg $\psi_\mathfrak{p}(\tau) = 1$ verstanden wird.

4. Die in (4.) auftretende Alternative $\chi_\mathfrak{p} \sim 1$ oder $\chi_\mathfrak{p} \nsim 1$ übersetzt sich bei dem Isomorphismus (10.) von $X_\mathfrak{p}$ auf $Y_\mathfrak{p}$ in die Alternative

$$(\psi_{1\mathfrak{p}}, \psi_{2\mathfrak{p}}) \sim 1 \qquad \text{oder} \qquad (\psi_{1\mathfrak{p}}, \psi_{2\mathfrak{p}}) \nsim 1,$$

je nachdem eine der drei Gleichungen

$$\psi_{1\mathfrak{p}} = 1, \; \psi_{2\mathfrak{p}} = 1, \; \psi_{1\mathfrak{p}}\psi_{2\mathfrak{p}} = 1$$

besteht oder nicht. Dies sieht man folgendermaßen ein.

Die Relation $\chi_\mathfrak{p} \sim 1$ bedeutet definitionsgemäß, daß $\chi_\mathfrak{p}$ bereits Charakter eines der drei rationalen, zyklischen Teilkörper

$$R_\mathfrak{p}\left(\sqrt[m_{1p}]{t}\right), \qquad R_\mathfrak{p}\left(\sqrt[m_{2p}]{1-t}\right), \qquad R_\mathfrak{p}\left(\sqrt[m_{0p}]{\frac{t}{1-t}}\right)$$

von $M_\mathfrak{p}/R_\mathfrak{p}$ ist. In den Bezeichnungen aus § 5, 4 lauten deren erzeugende Radikale

$$u_{1p}, \qquad u_{2p}, \qquad u_{1p}^{\frac{m_{1p}}{m_{0p}}}\, u_{2p}^{-\frac{m_{2p}}{m_{0p}}} \bmod \mathfrak{p},$$

also die nach § 5, 4 zugeordneten erzeugenden Charaktere

$$\chi_{1\mathfrak{p}}, \qquad \chi_{2\mathfrak{p}}, \qquad \chi_{1\mathfrak{p}}^{\frac{m_{1p}}{m_{0p}}}\, \chi_{2\mathfrak{p}}^{-\frac{m_{2p}}{m_{0p}}};$$

ihnen sind nach § 5, 4 die Restklassenpaare

$$\left(\frac{1}{m_{1p}}, 0\right), \qquad \left(0, \frac{1}{m_{2p}}\right), \qquad \left(\frac{1}{m_{0p}}, -\frac{1}{m_{0p}}\right) \quad \bmod^+ 1$$

zugeordnet. Daß $\chi_\mathfrak{p}$ bereits Charakter eines jener drei Teilkörper, d. h. Potenz eines dieser drei Charaktere ist, bedeutet demnach für das zugeordnete Restklassenpaar $\frac{\mu_{1p}}{m_{1p}}, \frac{\mu_{2p}}{m_{2p}}$ $\bmod^+ 1$ das Bestehen einer der drei Kongruenzen

$$\frac{\mu_{2p}}{m_{2p}} \equiv 0, \qquad \frac{\mu_{1p}}{m_{1p}} \equiv 0, \qquad \frac{\mu_{1p}}{m_{1p}} + \frac{\mu_{2p}}{m_{2p}} \equiv 0 \bmod^+ 1.$$

Nach dem im Anschluß an (10.) Ausgeführten besagt das aber gerade das Bestehen einer der drei Definitionsgleichungen

$$\psi_{2\mathfrak{p}} = 1, \qquad \psi_{1\mathfrak{p}} = 1, \qquad \psi_{1\mathfrak{p}}\psi_{2\mathfrak{p}} = 1$$

der Relation $(\psi_{1\mathfrak{p}}, \psi_{2\mathfrak{p}}) \sim 1$.

5. Zusammengefaßt ist damit folgendes bewiesen. Die in (5.) angegebenen Charaktersummen in $R_\mathfrak{p}$ stellen sich auch als Charaktersummen in $\mathsf{K}_\mathfrak{p}$ dar, nämlich nach (11.) als die Summen

$$\omega(\chi_\mathfrak{p}) = \omega(\psi_{1\mathfrak{p}},\ \psi_{2\mathfrak{p}}) = -\sum_{\xi_1+\xi_2\equiv 1 \bmod \mathfrak{p}} \psi_{1\mathfrak{p}}(\xi_1)\,\psi_{2\mathfrak{p}}(\xi_2), \tag{13.}$$

wo $\chi_\mathfrak{p} \longleftrightarrow (\psi_{1\mathfrak{p}},\ \psi_{2\mathfrak{p}})$ bei dem Isomorphismus (10.) ist. Dabei ist nach dem zuletzt Gezeigten die Bedingung für das Nichtverschwinden

$$\chi_\mathfrak{p} \neq 1 \longleftrightarrow (\psi_{1\mathfrak{p}},\ \psi_{2\mathfrak{p}}) \neq 1.$$

Die Summation in (13.) erstreckt sich auf volle Restsysteme ξ_1, ξ_2 mod $\mathfrak{p}$ in K (einschl. ∞) mit der Summationsbedingung $\xi_1 + \xi_2 \equiv 1$ mod $\mathfrak{p}$, wobei hinsichtlich der Restklassen $0, \infty$ mod $\mathfrak{p}$ die Festsetzungen (12.), (12'.) gelten. Im Hauptfall $(\psi_{1\mathfrak{p}}, \psi_{2\mathfrak{p}}) \neq 1$ kann die Restklasse ∞ mod $\mathfrak{p}$ außer acht gelassen werden; im Nebenfall $(\psi_{1\mathfrak{p}}, \psi_{2\mathfrak{p}}) \sim 1$ ist bei diesen Festsetzungen in der Tat der Summenwert gleich 0, wenn von dem in (1.), (4.) nicht vorkommenden Hauptcharakter $\chi_\mathfrak{p} = 1$ mit $(\psi_{1\mathfrak{p}}, \psi_{2\mathfrak{p}}) = (1, 1)$ abgesehen wird.[1])

Nach dem Vorgang von Weil [23] seien die Charaktersummen $\omega(\chi_\mathfrak{p}) = \omega(\psi_{1\mathfrak{p}}, \psi_{2\mathfrak{p}})$ aus (13.) *Jacobische Summen* genannt. Die auf die Charaktere $\psi_{1\mathfrak{p}}$, $\psi_{2\mathfrak{p}}$ von $\mathsf{K}_\mathfrak{p}^\times$ bezogene Bezeichnung $\omega(\psi_{1\mathfrak{p}}, \psi_{2\mathfrak{p}})$, wie sie bei Davenport-Hasse [1] und Hasse [11, § 20] vorliegt, wird im folgenden nur bei der Herleitung der arithmetischen Eigenschaften der Jacobischen Summen aus ihrer Summendarstellung (13.) verwendet werden. Im übrigen wird die Bezeichnung $\omega(\chi_\mathfrak{p})$ beibehalten oder vielmehr die aus ihr anschließend in § 7, 1, (4.) entwickelte Bezeichnung $\omega(\chi|\mathfrak{p})$ verwendet, weil es im vorliegenden Zusammenhang auf die vorstehend ausführlich wiedergegebene Zuordung der Jacobischen Summen zu den Charakteren $\chi_\mathfrak{p}$ der Galoisgruppe $\mathfrak{G}_\mathfrak{p}$ von $K_\mathfrak{p}/R_\mathfrak{p}$ und damit zu den Charakteren χ der Galoisgruppe $\mathfrak{G}$ von K/R entscheidend ankommt.

§ 7. Aufspaltung der Zetafunktion in L-Funktionen

1. Für die Zetafunktion

$$\zeta_K(s) = \prod_\mathfrak{p} \zeta_{K_\mathfrak{p}}(s)$$

des arithmetischen Funktionenkörpers K vom speziellen Fermatschen Typus hat man nach den allgemeinen Formeln aus § 3, 3 und den in § 6, 2, (1.), (2.) erhaltenen Ergebnissen zunächst die Aufspaltung

$$\zeta_K(s) = \zeta_R(s)\, L_K(s) \tag{1.}$$

in die Zetafunktion

$$\zeta_R(s) = \prod_\mathfrak{p} \zeta_{R_\mathfrak{p}}(s) = \prod_\mathfrak{p} \frac{1}{1-\dfrac{1}{\mathfrak{N}(\mathfrak{p})^s}}\ \frac{1}{1-\dfrac{\mathfrak{N}(\mathfrak{p})}{\mathfrak{N}(\mathfrak{p})^s}} = \zeta_\mathsf{K}(s)\,\zeta_\mathsf{K}(s-1) \tag{2.}$$

des rationalen Teilkörpers R und die *L-Produktfunktion*

$$L_K(s) = \prod_\mathfrak{p} L_{K_\mathfrak{p}}(s) = \prod_\mathfrak{p} \prod_{\chi_\mathfrak{p}\neq 1} L_{R_\mathfrak{p}}(s|\chi_\mathfrak{p}) = \prod_\mathfrak{p} \prod_{\chi_\mathfrak{p}\neq 1} \left(1-\frac{\omega(\chi_\mathfrak{p})}{\mathfrak{N}(\mathfrak{p})^s}\right),$$

wobei in den beiden letzten Doppelprodukten nur die Charaktere $\chi_\mathfrak{p} \neq 1$ von 1 verschiedene Beiträge liefern.

[1]) In Davenport-Hasse [1], wo die Restklasse ∞ mod $\mathfrak{p}$ nicht hinzugenommen wird, liegt der Summenwert 0 nur in den beiden ersten Fällen $\psi_{1\mathfrak{p}} = 1$ oder $\psi_{2\mathfrak{p}} = 1$ von $(\psi_{1\mathfrak{p}}, \psi_{2\mathfrak{p}}) \sim 1$ [mit $(\psi_{1\mathfrak{p}}, \psi_{2\mathfrak{p}}) \neq (1, 1)$] vor, während im dritten Falle $\psi_{1\mathfrak{p}}\,\psi_{2\mathfrak{p}} = 1$ dort der unorganische Summenwert $\psi_{1\mathfrak{p}}(-1) = \psi_{2\mathfrak{p}}(-1)$ auftritt. — Wenn man schon die Restklasse ∞ mod $\mathfrak{p}$ ausschließt, so ist es naturgemäß, auch die Restklassen 0,1 mod $\mathfrak{p}$ auszuschließen, wie das in §§ 10, 11 zweckmäßig sein wird.

In dem allgemeinen Konvergenzbeweis aus § 3, 3 wurde nun in dem letzten Doppelprodukt die Multiplikationsfolge nach grobem, abzählendem Schema und unter Außerachtlassen der Beiträge der in K irregulären Primdivisoren $\mathfrak{p}$ von K vertauscht. Um diesen Vertauschungsprozeß organisch zu gestalten, sollen jetzt die mit $\mathfrak{p}$ wechselnden Charaktere $\chi_\mathfrak{p}$ der Galoisgruppe $\mathfrak{G}_\mathfrak{p}$ von $K_\mathfrak{p}/R_\mathfrak{p}$ auf die festen Charaktere χ der Galoisgruppe $\mathfrak{G}$ von K/R bezogen werden.

Dies geschieht durch den in § 5, 4 definierten Restisomorphismus $\chi_p \equiv \chi_\mathfrak{p} \bmod \mathfrak{p}$ der Komponente X_p von zu p primer Ordnung der Charaktergruppe X von $\mathfrak{G}$ auf die Charaktergruppe $\mathsf{X}_\mathfrak{p}$ von $\mathfrak{G}_\mathfrak{p}$. Durch ihn werden die mit $\mathfrak{p}$ wechselnden Charaktere $\chi_\mathfrak{p}$ von $\mathfrak{G}_\mathfrak{p}$ zunächst auf die ebenfalls mit $\mathfrak{p}$ wechselnden Charaktere χ_p mit zu p primer Ordnung von $\mathfrak{G}$ bezogen. Diese werden unter allen Charakteren χ von $\mathfrak{G}$ durch die Forderung hervorgehoben, daß der Primdivisor $\mathfrak{p}$ von K kein Teiler der Ordnung $m(\chi)$ von χ sein soll. Setzt man demgemäß für jeden Charakter $\chi \neq 1$ von $\mathfrak{G}$ formal

$$(4.)\qquad \omega(\chi|\mathfrak{p}) = \begin{cases} \omega(\chi_\mathfrak{p}), & \text{wenn } \mathfrak{p} \nmid m(\chi) \text{ und } \chi \equiv \chi_\mathfrak{p} \bmod \mathfrak{p} \\ 0, & \text{wenn } \mathfrak{p} \mid m(\chi) \end{cases}$$

und damit

$$(5.)\qquad L_R(s|\chi|\mathfrak{p}) = 1 - \frac{\omega(\chi|\mathfrak{p})}{\mathfrak{N}(\mathfrak{p})^s} = \begin{cases} L_{R_\mathfrak{p}}(s|\chi_\mathfrak{p}), & \text{wenn } \mathfrak{p} \nmid m(\chi) \text{ und } \chi \equiv \chi_\mathfrak{p} \bmod \mathfrak{p} \\ 1, & \text{wenn } \mathfrak{p} \mid m(\chi) \end{cases},$$

so erhält man für die in (3.) auftretenden Faktoren von mit $\mathfrak{p}$ wechselndem Definitionsbereich formale Darstellungen von festem Definitionsbereich. Dadurch wird dann die Vertauschung der Multiplikationsfolge in (3.), die nach § 3, 3 für $\Re(s) > \frac{3}{2}$ analytisch gerechtfertigt ist[1]), auch formal ohne die dortigen Vernachlässigungen ermöglicht. Sie ergibt

$$L_K(s) = \prod_{\chi \neq 1} \prod_{\mathfrak{p}} L_R(s|\chi|\mathfrak{p}) = \prod_{\chi \neq 1} \prod_{\mathfrak{p}} \left(1 - \frac{\omega(\chi|\mathfrak{p})}{\mathfrak{N}(\mathfrak{p})^s}\right).$$

Demgemäß hat man für die L-Produktfunktion $L_K(s)$ die weitere Aufspaltung

$$(6.)\qquad L_K(s) = \prod_{\chi \neq 1} L_R(s|\chi)$$

in die Faktoren

$$(7.)\qquad L_R(s|\chi) = \prod_{\mathfrak{p}} L_R(s|\chi|\mathfrak{p}) = \prod_{\mathfrak{p}} \left(1 - \frac{\omega(\chi|\mathfrak{p})}{\mathfrak{N}(\mathfrak{p})^s}\right).$$

Diese Faktoren seien in Analogie zu den Faktoren $L_{R_\mathfrak{p}}(s|\chi_\mathfrak{p})$ aus § 6, 2, (1.) die *L-Funktionen* zu den Charakteren $\chi \neq 1$ der Galoisgruppe $\mathfrak{G}$ von K/R genannt.

2. In der Definitionsformel (7.) der L-Funktion zu einem Charakter $\chi \neq 1$ von $\mathfrak{G}$ liefern nach (4.), (5.) höchstens die Primdivisoren $\mathfrak{p} \nmid m(\chi)$ von K Beiträge $L_R(s|\chi|\mathfrak{p}) \neq 1$. Diese Beiträge sind die Kongruenz-L-Funktionen $L_{R_\mathfrak{p}}(s|\chi_\mathfrak{p})$ zu den durch den Restisomorphismus $\chi \equiv \chi_\mathfrak{p} \bmod \mathfrak{p}$ zugeordneten Charakteren $\chi_\mathfrak{p} \neq 1$ von $\mathfrak{G}_\mathfrak{p}$. Von ihnen sind nach § 6, 2, (4.) nur genau die mit $\chi_\mathfrak{p} \nsim 1$ wirklich von 1 verschieden.

[1]) Das dem zugrundeliegende, von Weil [22] bewiesene Analogon zur Riemannschen Vermutung ist beim speziellen Fermatschen Typus, wie bereits in Davenport-Hasse [1] festgestellt, trivial (siehe § 8, 2).

Analog zu der Alternative $\chi_{\mathfrak{p}} \sim 1$ oder $\chi_{\mathfrak{p}} \nsim 1$ aus § 6, 2 für die Charaktere $\chi_{\mathfrak{p}}$ von $\mathfrak{G}_{\mathfrak{p}}$ sei für die Charaktere χ von $\mathfrak{G}$ gesetzt

$$\chi \sim 1 \quad \text{oder} \quad \chi \nsim 1,$$

je nachdem χ bereits Charakter der Galoisgruppe eines der drei rationalen, zyklischen Teilkörper

$$R(\sqrt[m_1]{t}), \qquad R(\sqrt[m_2]{1-t}), \qquad R\left(\sqrt[m_0]{\frac{t}{1-t}}\right)$$

von K/R ist oder nicht. Wie in § 6, 4 läuft das darauf hinaus, ob für das χ zugeordnete Restklassenpaar $\frac{\mu_1}{m_1}, \frac{\mu_2}{m_2} \bmod^+ 1$ eine der drei Kongruenzen

$$(8.) \qquad \frac{\mu_1}{m_1} \equiv 0, \qquad \frac{\mu_2}{m_2} \equiv 0, \qquad \frac{\mu_1}{m_1} + \frac{\mu_2}{m_2} \equiv 0 \bmod^+ 1$$

besteht oder nicht. Nach dem in § 5, 4 über die isomorphen Darstellungen von X, X_p, $\mathsf{X}_{\mathfrak{p}}$ durch Restklassenpaare $\bmod^+ 1$ Gesagten ergibt sich daher für alle $\mathfrak{p} \nmid m(\chi)$ die Äquivalenz

$$\chi \sim 1 \longleftrightarrow \chi_{\mathfrak{p}} \sim 1.$$

Hiernach und nach dem zuvor Gesagten gilt $\mathfrak{p}$-beitragsweise

$$L_R(s|\chi) = 1 \quad \text{für} \quad \chi \sim 1,$$

während für $\chi \nsim 1$ nur genau die endlich vielen $\mathfrak{p}|m(\chi)$ zu $L_R(s|\chi)$ Beiträge $L_R(s|\chi|\mathfrak{p}) = 1$ liefern. Damit reduzieren sich die Aufspaltung (6.) und die Definitionsformel (7.) auf

$$(6'.) \qquad L_K(s) = \prod_{\chi \neq 1} L_R(s|\chi),$$

$$(7'.) \qquad L_R(s|\chi) = \prod_{\mathfrak{p} \nmid m(\chi)} \left(1 - \frac{\omega(\chi|\mathfrak{p})}{\mathfrak{N}(\mathfrak{p})^s}\right).$$

In den letzteren Produkten ist dabei die Schreibweise $\omega(\chi|\mathfrak{p})$ der Jacobischen Summen nicht durch die hier nach (4.) wieder einführbare Schreibweise $\omega(\chi_{\mathfrak{p}})$ aus § 6, 2, (4.) (mit $\chi \equiv \chi_{\mathfrak{p}} \bmod \mathfrak{p}$) ersetzt, weil die durch sie hergestellte Zuordnung zu den festen Charakteren χ von $\mathfrak{G}$ (statt der wechselnden $\chi_{\mathfrak{p}}$ von $\mathfrak{G}_{\mathfrak{p}}$) der Auffassung der $L_R(s|\chi)$ als dem arithmetischen Funktionenkörper K/R zugeordnete Bildungen begrifflich besser entspricht.

Analog wie bei den Kongruenz-L-Funktionen in § 6, 2 ist nach (8.) die Anzahl der in der Aufspaltung (6'.) auftretenden nicht-trivialen L-Funktionen $L_R(s|\chi)$ ($\chi \nsim 1$) zu K gerade gleich dem doppelten Geschlecht $2g = (m_1 - 1)(m_2 - 1) - (m_0 - 1)$ von K.

Durch die Aufspaltung (1.) mit der endgültigen Darstellung (2.) des ersten Faktors und die weitere Aufspaltung (6'.) des zweiten Faktors wird die in der vorliegenden Abhandlung zum Ziel gesetzte Untersuchung der Zetafunktion eines arithmetischen Funktionenkörpers K vom speziellen Fermatschen Typus auf die Untersuchung der K zugeordneten nicht-trivialen L-Funktionen (7'.) zurückgeführt. Mit dieser Aufgabe beschäftigen sich die weiteren Ausführungen.

3. Indem man in der Definitionsformel (7.) für die nicht-trivialen Beiträge $L_R(s|\chi|\mathfrak{p}) = L_{R_{\mathfrak{p}}}(s|\chi_{\mathfrak{p}})$ die Eulerschen Produktdarstellungen der Kongruenz-L-Funktionen

$$L_{R_{\mathfrak{p}}}(s|\chi_{\mathfrak{p}}) = \prod_{\mathfrak{P}_{\mathfrak{p}}} \frac{1}{1 - \frac{\chi_{\mathfrak{p}}(\mathfrak{P}_{\mathfrak{p}})}{\mathfrak{N}(\mathfrak{P}_{\mathfrak{p}})^s}}$$

einträgt, erhält man eine Eulersche Produktdarstellung für die L-Funktionen $L_R(s|\chi)$ ($\chi \neq 1$) zu K. Bei ihr läuft die Multiplikation, analog wie in § 3, 1 bei der Zetafunktion

$\zeta_K(s)$, über Punkte $(\mathfrak{p}, \mathfrak{P}_\mathfrak{p})$ (in bezug auf die feste Transzendente t), und zwar hier über alle Punkte $(\mathfrak{p}, \mathfrak{P}_\mathfrak{p})$ von R mit $\mathfrak{p} \nmid m(\chi)$. Beseitigt man noch diese Einschränkung, indem man analog zu (4.), (5.) die Charaktere $\chi \neq 1$ von $\mathfrak{G}$ durch die Festsetzung

$$(8.)\qquad \chi(\mathfrak{p}, \mathfrak{P}_\mathfrak{p}) = \begin{Bmatrix} \chi_\mathfrak{p}(\mathfrak{P}_\mathfrak{p}), & \text{wenn } \mathfrak{p} \nmid m(\chi) \text{ und } \chi \equiv \chi_\mathfrak{p} \bmod \mathfrak{p} \\ 0, & \text{wenn } \mathfrak{p} | m(\chi) \end{Bmatrix}$$

zu Funktionen im Bereich aller Punkte $(\mathfrak{p}, \mathfrak{P}_\mathfrak{p})$ von R macht, so lautet die Eulersche Produktdarstellung einfach

$$(9.)\qquad L_R(s|\chi) = \prod_{(\mathfrak{p}, \mathfrak{P}_\mathfrak{p})} \frac{1}{1 - \dfrac{\chi(\mathfrak{p}, \mathfrak{P}_\mathfrak{p})}{\mathfrak{N}(\mathfrak{p}, \mathfrak{P}_\mathfrak{p})^s}}.$$

Die Werte der durch (8.) definierten Punktfunktionen χ in R berechnen sich im nichttrivialen Falle $\mathfrak{p} \nmid m(\chi)$ und $\chi \equiv \chi_\mathfrak{p} \bmod \mathfrak{p}$ wirklich durch eine Restklassenbildung nach den Punkten $(\mathfrak{p}, \mathfrak{P}_\mathfrak{p})$ von R. Für den Spezialfall, daß $\mathfrak{P}_\mathfrak{p}$ vom ersten Grade ist, schreibt sich nämlich die Berechnungsvorschrift (8.) nach § 6, 3, (11.) ausführlich als

$$\chi(\mathfrak{p}, \mathfrak{P}_\mathfrak{p}) = \psi_{1\mathfrak{p}}(\tau)\,\psi_{2\mathfrak{p}}(1-\tau), \text{ wenn } t \equiv \tau \bmod (\mathfrak{p}, \mathfrak{P}_\mathfrak{p}) \qquad (\tau \text{ aus } \mathsf{K}),$$

und hierbei ist nach der Entstehung der Kongruenzbedingung im Anschluß an § 6, 3, (7.) das Element $\tau \bmod \mathfrak{p}$ aus $\mathsf{K}_\mathfrak{p}$ in der Tat gerade das Bild von t bei dem den Punkt $(\mathfrak{p}, \mathfrak{P}_\mathfrak{p})$ von R gemäß § 2, 2 definierenden Homomorphismus von R auf $R_{\mathfrak{p}, \mathfrak{P}_\mathfrak{p}} = \mathsf{K}_\mathfrak{p}$. Für den allgemeinen Fall, daß $\mathfrak{P}_\mathfrak{p}$ von beliebigem Grade ist, beweist man auf Grund der allgemeinen Definition des Potenzrestsymbols in $R_\mathfrak{p}$ aus Hasse [8] entsprechend die Berechnungsvorschrift

$$(10.)\qquad \chi(\mathfrak{p}, \mathfrak{P}_\mathfrak{p}) = \psi_{1\mathfrak{p}}(\tau_1)\,\psi_{2\mathfrak{p}}(\tau_2), \text{ wenn } \begin{Bmatrix} N_{\mathfrak{p}, \mathfrak{P}_\mathfrak{p}}(t) \equiv \tau_1 \\ N_{\mathfrak{p}, \mathfrak{P}_\mathfrak{p}}(1-t) \equiv \tau_2 \end{Bmatrix} \bmod (\mathfrak{p}, \mathfrak{P}_\mathfrak{p}) \; (\tau_1, \tau_2 \text{ aus } \mathsf{K}),$$

wo $N_{\mathfrak{p}, \mathfrak{P}_\mathfrak{p}}$ die Norm im Restklassenkörper $R_{\mathfrak{p}, \mathfrak{P}_\mathfrak{p}}/\mathsf{K}_\mathfrak{p}$ bedeutet.

Die Eulersche Produktdarstellung (9.) der L-Funktionen $L_R(s|\chi)$ $(\chi \neq 1)$ zu K wird im folgenden nicht benötigt. Sie ist hier nur angegeben, um zu zeigen, daß die formal durch (7.) definierten L-Funktionen in R sich in der Arithmetik des rationalen arithmetischen Funktionenkörpers $R = \mathsf{K}(t)$ analog deuten lassen, wie die L-Funktionen in einem algebraischen Zahlkörper K. Anstelle einer durch Kongruenzcharaktere beschriebenen Klasseneinteilung der Divisoren von K tritt hier eine durch die eigenartige Charakterbildung (10.) beschriebene Klasseneinteilung der Punkte von R.

4. Auf Grund der in 1, 2 behandelten Aufspaltung der Zetafunktion $\zeta_K(s)$ genügt es, weiterhin eine feste nicht-triviale L-Funktion $L_R(s|\chi)$ zu betrachten. Eine solche ist gegeben durch einen Charakter $\chi \neq 1$ der Galoisgruppe $\mathfrak{G}$ von K/R, der seinerseits nach § 5, 4 invariant durch ein Restklassenpaar $\frac{\mu_1}{m_1}, \frac{\mu_2}{m_2} \bmod^+ 1$ mit

$$\frac{\mu_1}{m_1}, \frac{\mu_2}{m_2}, \frac{\mu_1}{m_1} + \frac{\mu_2}{m_2} \not\equiv 0 \bmod^+ 1$$

gekennzeichnet ist. Die Ordnung $m(\chi)$ von χ, auf die es für die Definitionsformel (7'.) von $L_R(s|\chi)$ ankommt, bestimmt sich aus diesem Restklassenpaar als dessen Hauptnenner.

Der spezielle Fermatsche Funktionenkörper

$$K = R\left(\sqrt[m_1]{t},\ \sqrt[m_2]{1-t}\right)$$

über $R = \mathsf{K}(t)$ mit dem vorgegebenen Exponentenpaar m_1, m_2, von dem in § 4, 2 ausgegangen wurde, spielt für die einzelne L-Funktion $L_R(s|\chi)$ keine ausgezeichnete Rolle. Vielmehr kommt $L_R(s|\chi)$ auch bei seinem Erweiterungskörper

$$K^* = R\left(\sqrt[m]{t},\ \sqrt[m]{1-t}\right),$$

sowie bei dessen nur von χ abhängigem Teilkörper

$$K_\chi = R\left(\sqrt[m(\chi)]{t},\ \sqrt[m(\chi)]{1-t}\right)$$

als Charakter der Galoisgruppe vor, und zwar mit demselben zugeordneten Restklassenpaar mod$^+$ 1, nur daß dem Übergang von K zu K^* und dann zu K_χ die Erweiterung und dann Kürzung der Bruchdarstellungen

$$\left(\frac{\mu_1}{m_1},\ \frac{\mu_2}{m_2}\right) \equiv \left(\frac{\mu_1^*}{m},\ \frac{\mu_2^*}{m}\right) \equiv \left(\frac{\mu_1(\chi)}{m(\chi)},\ \frac{\mu_2(\chi)}{m(\chi)}\right) \bmod^+ 1$$

auf den gemeinsamen Nenner $m = [m_1, m_2]$ und dann den Hauptnenner $m(\chi) = (\mu_1^*, \mu_2^*, m)$ entspricht.

Indem man diese Hauptnennerdarstellung zugrundelegt, kann man demnach für die Untersuchung einer einzelnen nicht-trivialen L-Funktion $L_R(s|\chi)$ ohne Einschränkung voraussetzen, daß in den bisherigen Bezeichnungen speziell

$$m_1 = m_2 = m = m(\chi)$$

ist. Es ist dann also χ ein Charakter der Galoisgruppe $\mathfrak{G}$ des der gewöhnlichen Fermatschen Gleichung $u_1^m + u_2^m = 1$ entsprechenden arithmetischen Funktionenkörpers

$$K = R\left(\sqrt[m]{t},\ \sqrt[m]{1-t}\right)$$

über dem rationalen arithmetischen Funktionenkörper $R = \mathsf{K}(t)$ mit die m-ten Einheitswurzeln enthaltendem Konstantenkörper K, und zwar ist χ durch ein Exponentenpaar

$$\mu_1, \mu_2 \bmod m, \qquad \text{kurz} \qquad \mu \bmod m$$

gekennzeichnet, das neben der Nichttrivialitätsbedingung

$$\mu_1,\ \mu_2,\ \mu_1 + \mu_2 \not\equiv 0 \bmod m, \qquad \text{kurz} \qquad \mu \not\sim 0 \bmod m$$

auch noch der Primitivitätsbedingung

$$(\mu_1, \mu_2, m) = 1, \qquad \text{kurz} \qquad \mu \text{ primitiv}$$

genügt. Will man nicht auf den Fermatschen Funktionenkörper K, sondern nur auf den rationalen Funktionenkörper $R = \mathsf{K}(t)$ bezugnehmen, so kann man den Charakter χ gemäß (10.) als Punktfunktion in R auffassen.

Die Definitionsformel (7'.) für die nicht-triviale L-Funktion $L_R(s|\chi)$ lautet bei diesen Voraussetzungen

(11.) $$L_R(s|\chi) = \prod_{\mathfrak{p} \nmid m} \left(1 - \frac{\omega(\chi|\mathfrak{p})}{\mathfrak{N}(\mathfrak{p})^s}\right),$$

und nach (4.) und § 6, 5, (13.) ist dabei

(12.) $$\omega(\chi\,|\,\mathfrak{p}) = \omega(\chi_{\mathfrak{p}}) = \omega(\psi_{1\mathfrak{p}}, \psi_{2\mathfrak{p}}) = -\sum_{\xi_1+\xi_2\equiv 1 \bmod \mathfrak{p}} \psi_{1\mathfrak{p}}(\xi_1)\,\psi_{2\mathfrak{p}}(\xi_2)$$

mit

$$\chi \equiv \chi_{\mathfrak{p}} \bmod \mathfrak{p}, \qquad \chi_{\mathfrak{p}} \longleftrightarrow (\psi_{1\mathfrak{p}}, \psi_{2\mathfrak{p}})$$

im Sinne des Restklassenisomorphismus aus § 5, 4 und des Isomorphismus aus § 6, 3. Die Charaktere $\psi_{1\mathfrak{p}}$, $\psi_{2\mathfrak{p}}$ von $\mathsf{K}_{\mathfrak{p}}^{\times}$, auf die es für die Darstellung von $\omega(\chi\,|\,\mathfrak{p})$ als Jacobische Summe ankommt, stellen sich bei den jetzigen Voraussetzungen nach § 6, 3, (10.) explizit in der Form

$$\psi_{1\mathfrak{p}}(\xi_1) = \left(\frac{\xi_1}{\mathfrak{p}}\right)_m^{\mu_1}, \quad \psi_{2\mathfrak{p}}(\xi_2) = \left(\frac{\xi_2}{\mathfrak{p}}\right)_m^{\mu_2}$$

durch das m-te Potenzrestsymbol mod $\mathfrak{p}$ in K dar.

III. Die Jacobischen Summen als Größencharaktere

§ 8. Arithmetische Eigenschaften der Jacobischen Summen

1. Die Jacobischen Summen

$$\omega(\psi_{1\mathfrak{p}}, \psi_{2\mathfrak{p}}) = - \sum_{\xi_1 + \xi_2 \equiv 1 \bmod \mathfrak{p}} \psi_{1\mathfrak{p}}(\xi_1)\, \psi_{2\mathfrak{p}}(\xi_2)$$

zu den m-ten Charakterpaaren $(\psi_{1\mathfrak{p}}, \psi_{2\mathfrak{p}}) \nsim 1$ von $\mathsf{K}_\mathfrak{p}^\times$ sind Zahlen aus dem in K enthaltenen Körper Z der m-ten Einheitswurzeln. Sie stellen sich durch die den m-ten Charakteren $\psi_\mathfrak{p} \neq 1$ von $\mathsf{K}_\mathfrak{p}^\times$ zugeordneten normierten Gaußschen Summen

$$\tau(\psi_\mathfrak{p}) = - \sum_{\xi \bmod \mathfrak{p}} \psi_\mathfrak{p}(\xi)\, e^{\frac{2\pi i}{p} s_\mathfrak{p}(\xi)} \qquad (s_\mathfrak{p} \text{ die Spur in } \mathsf{K}_\mathfrak{p})$$

aus dem Körper der mp-ten Einheitswurzeln als deren Faktorensystem

$$\omega(\psi_{1\mathfrak{p}}, \psi_{2\mathfrak{p}}) = \frac{\tau(\psi_{1\mathfrak{p}})\, \tau(\psi_{2\mathfrak{p}})}{\tau(\psi_{1\mathfrak{p}}\, \psi_{2\mathfrak{p}})} \tag{1.}$$

dar.

Für die Gaußschen Summen $\tau(\psi_\mathfrak{p})$ mit $\psi_\mathfrak{p} \neq 1$ gilt zunächst die Betragregel

$$|\tau(\psi_\mathfrak{p})|^2 = \mathfrak{N}(\mathfrak{p}). \tag{2.}$$

Ferner ist die Primzerlegung von $\tau(\psi_\mathfrak{p})$ bekannt. Es genügt, die Primzerlegung für die bereits im Körper Z liegende Potenz $\tau(\psi_\mathfrak{p})^m$ anzugeben. Sie lautet

$$\tau(\psi_\mathfrak{p})^m \cong N(\mathfrak{p})^{\sum_J r(-j\mu) J}. \tag{3.}$$

Dabei ist zunächst $\mu \not\equiv 0 \bmod m$ der dem Charakter $\psi_\mathfrak{p}$ zugeordnete Exponent, also

$$\psi_\mathfrak{p}(\xi) = \left(\frac{\xi}{\mathfrak{p}}\right)_m^\mu$$

dessen Darstellung durch das m-te Potenzrestsymbol mod $\mathfrak{p}$ in K. Ferner durchläuft J die Automorphismen des m-ten Einheitswurzelkörpers Z und j mod m die jeweils gemäß

$$\zeta^{J^{-1}} = \zeta^j \qquad (\zeta^m = 1)$$

isomorph zugeordnete prime Restklasse mod m. Weiter bezeichnet allgemein $r(x)$ den kleinsten nicht-negativen Rest von x mod m. Schließlich bedeutet N die Relativnorm für K/Z.

Für den Spezialfall $\mathsf{K} = \mathsf{Z}$, wo $N(\mathfrak{p}) = \mathfrak{p}$, ergibt sich die Formel (3.) leicht aus der auf STICKELBERGER [21] zurückgehenden Bestimmung nicht nur der hier allein benötigten Primzerlegung, sondern auch der Kongruenzwerte mod$^\times$ $\mathfrak{P}^J$ von $\tau(\psi_\mathfrak{p})$ für die Primdivisoren $\mathfrak{P}^J$ der $\mathfrak{p}^J$ im mp-ten Einheitswurzelkörper, wie sie in DAVENPORT-HASSE [1] ausführlich wiedergegeben ist.

Für den allgemeinen Fall $\mathsf{K} \geqq \mathsf{Z}$ ist $N(\mathfrak{p}) = \mathfrak{q}^f$ eine Potenz des den Primdivisor $\mathfrak{p}$ von K enthaltenden Primdivisors $\mathfrak{q}$ von Z. Die Primzerlegungsformel (3.) für K ergibt sich dann aus der für Z auf Grund der in DAVENPORT-HASSE [1] bewiesenen Reduktionsregel

(4.) $$\tau(\psi_{\mathfrak{p}}) = \tau(\psi_{\mathfrak{q}})^f, \text{ wenn } N(\mathfrak{p}) = \mathfrak{q}^f,$$

wo der Charakter $\psi_{\mathfrak{q}}$ von $\mathsf{Z}_{\mathfrak{q}}^{\times}$ mit dem Charakter $\psi_{\mathfrak{p}}$ von $\mathsf{K}_{\mathfrak{p}}^{\times}$ durch Normbildung $n_{\mathfrak{p}/\mathfrak{q}}$ für $\mathsf{K}_{\mathfrak{p}}/\mathsf{Z}_{\mathfrak{q}}$ im Argument nach dem Schema

$$\psi_{\mathfrak{p}}(\xi) = \psi_{\mathfrak{q}}(n_{\mathfrak{p}/\mathfrak{q}}(\xi))$$

zusammenhängt. Hierbei ist der Exponent μ mod m invariant, weil sich das m-te Potenzrestsymbol nach dem Eulerschen Kriterium unter Beachtung von

$$n_{\mathfrak{p}/\mathfrak{q}}(\xi) \equiv \xi^{\frac{\mathfrak{N}(\mathfrak{p})-1}{\mathfrak{N}(\mathfrak{q})-1}} \bmod \mathfrak{q}$$

nach demselben Schema von K auf Z reduziert.

2. Aus den arithmetischen Eigenschaften (2.), (3.) der Gaußschen Summen $\tau(\psi_{\mathfrak{p}})$ mit $\psi_{\mathfrak{p}} \neq 1$ ergeben sich durch Übergang gemäß (1.) zu deren Faktorensystem für die Jacobischen Summen $\omega(\psi_{1\mathfrak{p}}, \psi_{2\mathfrak{p}})$ mit $(\psi_{1\mathfrak{p}}, \psi_{2\mathfrak{p}}) \not\sim 1$ die folgenden arithmetischen Eigenschaften:

(5.) *Betragregel* $$|\omega(\psi_{1\mathfrak{p}}, \psi_{2\mathfrak{p}})|^2 = \mathfrak{N}(\mathfrak{p}),$$

(6.) *Primzerlegung* $$\omega(\psi_{1\mathfrak{p}}, \psi_{2\mathfrak{p}}) \cong N(\mathfrak{p})^{\sum\limits_J d(-j\mu)\, J},$$

wo $\mu \not\sim 0 \bmod m$ das dem Charakterpaar $(\psi_{1\mathfrak{p}}, \psi_{2\mathfrak{p}}) \not\sim 1$ zugeordnete Exponentenpaar ist, und wo allgemein

$$d(x) = \frac{r(x_1) + r(x_2) - r(x_1 + x_2)}{m} = \begin{cases} 0 \text{ für } r(x_1) + r(x_2) < m \\ 1 \text{ für } r(x_1) + r(x_2) \geqq m \end{cases}$$

die Übertragungszahl bei der m-adischen Addition der kleinsten nicht-negativen Reste eines Restklassenpaares $x \equiv (x_1, x_2) \bmod m$ bezeichnet.

Aus der Summendefinition erkennt man außerdem unmittelbar:

(7.) *Automorphieverhalten* $$\omega(\psi_{1\mathfrak{p}}, \psi_{2\mathfrak{p}})^{J^{-1}} = \omega(\psi_{1\mathfrak{p}}^j, \psi_{2\mathfrak{p}}^j).$$

Schließlich ergibt sich aus der Reduktionsregel (4.) für die Gaußschen Summen nach (1.) für die Jacobischen Summen entsprechend:

(8.) *Reduktionsregel* $$\omega(\psi_{1\mathfrak{p}}, \psi_{2\mathfrak{p}}) = \omega(\psi_{1\mathfrak{q}}, \psi_{2\mathfrak{q}})^f, \text{ wenn } N(\mathfrak{p}) = \mathfrak{q}^f.$$

Durch die Betragregel (5.) wird die Richtigkeit des Analogons zur Riemannschen Vermutung für die in § 6 behandelten Kongruenz-L-Funktionen $L_{R_{\mathfrak{p}}}(s|\chi_{\mathfrak{p}})$ festgestellt.

Die Primzerlegungen (3.), (6.) der Gaußschen und Jacobischen Summen wurden übrigens für den Spezialfall eines Primzahlexponenten $m = l$ bereits von KUMMER [15a, 15b, 15c] hergeleitet, und zwar in der letzteren Arbeit (6.) direkt, ohne Zurückgehen gemäß (1.) auf (3.) aus den beiden ersteren Arbeiten.

3. Zurückkehrend zu der in § 7, 4 zugrundegelegten Auffassung werde jetzt ausgegangen von einem festen Charakter $\chi \not\sim 1$ von der Ordnung m der Galoisgruppe von $R(\sqrt[m]{t}, \sqrt[m]{1-t})$ über $R = \mathsf{K}(t)$, gekennzeichnet durch ein Exponentenpaar μ mod m mit

$$\mu \not\sim 0 \bmod m, \qquad \mu \text{ primitiv.}$$

Wenn im folgenden kurz von einem *Charakter* χ *über* $\mathsf{K}(t)$ die Rede ist, so ist stets ein derartiger Charakter gemeint. Ihm ist nach § 7, 4, (12.) für jeden Primdivisor $\mathfrak{p} \nmid m$ von K eine Jacobische Summe $\omega(\chi|\mathfrak{p}) = \omega(\psi_{1\mathfrak{p}}, \psi_{2\mathfrak{p}})$ zugeordnet.

Die so durch χ im Bereich der Primdivisoren $\mathfrak{p} \nmid m$ von K gelieferte Funktion werde nach dem Vorgang von Weil [25] zu einem Charakter der Gruppe aller zu m primen Divisoren $\mathfrak{a}$ von K erweitert, indem formal

(9.) $$\omega(\chi|\mathfrak{a}) = \prod_{\mathfrak{p} \nmid m} \omega(\chi|\mathfrak{p})^{w_{\mathfrak{p}}(\mathfrak{a})} \quad \text{für } \mathfrak{a} = \prod_{\mathfrak{p} \nmid m} \mathfrak{p}^{w_{\mathfrak{p}}(\mathfrak{a})}$$

gesetzt wird. Die Werte $\omega(\chi|\mathfrak{a})$ dieser Funktion sind wie die zugrundeliegenden speziellen Werte $\omega(\chi|\mathfrak{p})$ Zahlen aus dem in K enthaltenen Körper Z der m-ten Einheitswurzeln.

Bei der Definition (9.) übertragen sich, wie man ohne weiteres erkennt, die arithmetischen Eigenschaften (5.), (6.), (7.), (8.) der Jacobischen Summen wie folgt:

(10.)	*Betragregel*	$\lvert\omega(\chi\|\mathfrak{a})\rvert^2 = \mathfrak{N}(\mathfrak{a})$,
(11.)	*Primzerlegung*	$\omega(\chi\|\mathfrak{a}) \cong N(\mathfrak{a})_J^{\Sigma d(-j\mu)J}$,
(12.)	*Automorphieverhalten*	$\omega(\chi\|\mathfrak{a})^{J^{-1}} = \omega(\chi^j\|\mathfrak{a})$,
(13.)	*Reduktionsregel*	$\omega(\chi\|\mathfrak{a}) = \omega(\eta\|N(\mathfrak{a}))$,

wo in der letzteren Regel η denjenigen Charakter über $\mathsf{Z}(t)$ bedeutet, der dasselbe Exponentensystem μ hat wie der zugrundegelegte Charakter χ über $\mathsf{K}(t)$. Man könnte diese Reduktion von χ auf η auch aus den Darstellungen § 7, 3, (10.) der Charaktere χ, η als Punktfunktionen über $\mathsf{K}(t)$, $\mathsf{Z}(t)$ durch ein analoges Normbildungsschema beschreiben wie bei (4.) die Reduktion von $\psi_{\mathfrak{p}}$ auf $\psi_{\mathfrak{q}}$. Jedoch soll darauf hier nicht eingegangen werden.

4. Auf Grund der Definition (9.) läßt sich die Produktdarstellung § 7, 4, (11.) der L-Funktion $L_R(s|\chi)$ durch Übergang zum Reziproken formal in die Summendarstellung

$$\frac{1}{L_R(s|\chi)} = \prod_{\mathfrak{p} \nmid m} \frac{1}{1 - \frac{\omega(\chi|\mathfrak{p})}{\mathfrak{N}(\mathfrak{p})^s}} = \sum_{(\mathfrak{g}, m)=1} \frac{\omega(\chi|\mathfrak{g})}{\mathfrak{N}(\mathfrak{g})^s}$$

überführen, wo $\mathfrak{g}$ alle ganzen zu m primen Divisoren von K durchläuft. Nach der Betragregel (10.) konvergiert diese Dirichletsche Reihe für $\Re(s) > \frac{3}{2}$. Setzt man noch

(14.) $$\lambda(\chi|\mathfrak{a}) = \frac{\omega(\chi|\mathfrak{a})}{\sqrt{\mathfrak{N}(\mathfrak{a})}}, \quad \text{mit } |\lambda(\chi|\mathfrak{a})| = 1,$$

so erhält man eine Funktion

(15.) $$\frac{1}{L_R(s|\chi)} = \prod_{\mathfrak{p} \nmid m} \frac{1}{1 - \frac{\lambda(\chi|\mathfrak{p})}{\mathfrak{N}(\mathfrak{p})^{s-\frac{1}{2}}}} = \sum_{(\mathfrak{g}, m)=1} \frac{\lambda(\chi|\mathfrak{g})}{\mathfrak{N}(\mathfrak{g})^{s-\frac{1}{2}}} = L_{\mathsf{K}}\left(s - \frac{1}{2} \,\middle|\, \lambda(\chi)\right)$$

vom Argument $s - \frac{1}{2}$, die sich von einer gewöhnlichen Dirichletschen L-Funktion über K nur dadurch unterscheidet, daß anstelle eines Strahlklassencharakters in K der durch (9.), (14.) definierte Divisorcharakter $\lambda(\chi)$ in K steht.

Von diesem Divisorcharakter hat nun Weil [25] gezeigt, daß es sich um einen *Größencharakter* $\lambda(\chi)$ *in* K im Sinne von Hecke [13] handelt, so daß sich also nach (15.) die Reziproke der L-Funktion $L_R(s|\chi)$ über R als eine *Heckesche L-Funktion* $L_{\mathsf{K}}\left(s - \frac{1}{2} \,\middle|\, \lambda(\chi)\right)$

über K erweist. Dieser Weilsche Beweis soll im folgenden wiedergegeben und durch genauere Untersuchungen über den Führer von $\lambda(\chi)$ ergänzt werden. Zuvor wird, wie das schon bei WEIL [24] geschehen ist, aber etwas ausführlicher als dort, die Heckesche Theorie der Größencharaktere entwickelt, und zwar unter Verwendung der vom heutigen Standpunkt vorzuziehenden Chevalleyschen Idele von K statt eines nicht-invarianten Heckeschen Systems idealer Zahlen zu K.

§ 9. Heckesche Größencharaktere

1. In dem zugrundeliegenden algebraischen Zahlkörper K bezeichne:

$\mathfrak{p}$ die (endlichen und unendlichen) Primstellen von K,

$w_\mathfrak{p}$ die den endlichen $\mathfrak{p}$ zugeordneten nicht-archimedischen Bewertungen von K (additiv geschrieben, auf kleinsten positiven Wert 1 normiert),

$|\ldots|_\mathfrak{p}$ die den unendlichen $\mathfrak{p}$ zugeordneten archimedischen Bewertungen von K (multiplikativ geschrieben, so normiert, daß in der zugeordneten reellen oder komplexen Konjugierten von K der gewöhnliche absolute Betrag $|\ldots|$ vorliegt),

$K_\mathfrak{p}$ die den $\mathfrak{p}$ zugeordneten perfekten Hüllen von K (abweichend von der bisherigen Bedeutung von $K_\mathfrak{p}$),

$1_\mathfrak{p}$ den $\mathfrak{p}$ zugeordnete orthogonale Idempotente,

α die Zahlen aus $K^\times$,

$\alpha \cong \prod\limits_{\mathfrak{p}\text{ endl.}} \mathfrak{p}^{w_\mathfrak{p}(\alpha)}$ den Homomorphismus auf die Hauptdivisoren von K,

$\mathfrak{a} = \prod\limits_{\mathfrak{p}\text{ endl.}} \mathfrak{p}^{w_\mathfrak{p}(\mathfrak{a})} \begin{Bmatrix} w_\mathfrak{p}(\mathfrak{a}) \text{ ganzrational} \\ \text{fast alle } w_\mathfrak{p}(\mathfrak{a}) = 0 \end{Bmatrix}$ die (endlichen) Divisoren von K,

$\hat{\alpha} = \sum\limits_{\mathfrak{p}} \alpha_\mathfrak{p} 1_\mathfrak{p} \begin{Bmatrix} \alpha_\mathfrak{p} \text{ aus } K_\mathfrak{p}^\times \\ \text{fast alle } w_\mathfrak{p}(\alpha_\mathfrak{p}) = 0 \end{Bmatrix}$ die (regulären endlichen) Idele von K,

dabei $w_\mathfrak{p}(\hat{\alpha}) = w_\mathfrak{p}(\alpha_\mathfrak{p})$, $|\hat{\alpha}|_\mathfrak{p} = |\alpha_\mathfrak{p}|$,

$\hat{\alpha} \cong \prod\limits_{\mathfrak{p}\text{ endl.}} \mathfrak{p}^{w_\mathfrak{p}(\hat{\alpha})}$ deren Homomorphismus auf die Divisoren von K.

Für die Hauptidele $\hat{\alpha} = \alpha$ aus $K^\times$ entstehen die Komponenten $\alpha_\mathfrak{p}$ durch Einbettung von α in $K_\mathfrak{p}^\times$. Insbesondere für die unendlichen $\mathfrak{p}$ sind die Komponenten $\alpha_\mathfrak{p}$ die reellen und komplexen Konjugierten von α, wobei für die letzteren aus jedem Paar konjugiert-komplexer Konjugierter der einem festen Isomorphismus von K in den komplexen Zahlkörper entsprechende Vertreter genommen ist.

Für einen ganzen Divisor $\mathfrak{m}$ von K bedeute

$$\hat{\alpha} \cong\!\!\!\equiv 1 \bmod \mathfrak{m},$$

daß

$$\hat{\alpha} \cong 1 \text{ und } \hat{\alpha} \equiv 1 \bmod \mathfrak{m},$$

d. h.

$$w_\mathfrak{p}(\hat{\alpha}) = 0 \quad \text{und} \quad w_\mathfrak{p}(\hat{\alpha} - 1) \geqq w_\mathfrak{p}(\mathfrak{m}) \quad \text{für alle endlichen } \mathfrak{p}$$

ist. Nimmt man weitere Forderungen der Gestalt

$$|\hat{\alpha} - 1|_\mathfrak{p} \leqq \delta_\mathfrak{p}$$

mit reellen positiven $\delta_\mathfrak{p}$ hinzu, so werde von einer durch $\mathfrak{m}$ und die $\delta_\mathfrak{p}$ bestimmten Umgebung der 1 in der Idelgruppe von K geredet. Durch die Gesamtheit der so festgelegten Umgebungen von 1 wird die Idelgruppe von K topologisiert.

2. Unter einem *Idelcharakter* in K sei ein im Sinne dieser Topologie stetiger Charakter $\hat{\varphi}$ der Idelgruppe von K mit Werten aus der Multiplikationsgruppe der komplexen Zahlen (nicht notwendig vom absoluten Betrage 1) verstanden.

Entsprechend der direkten Zerlegung

$$\hat{\alpha} = \hat{\alpha}_e \, \hat{\alpha}_u$$

in endlichen und unendlichen Bestandteil

$$\hat{\alpha}_e = \sum_{\mathfrak{p} \text{ endl.}} \alpha_\mathfrak{p} 1_\mathfrak{p} + \sum_{\mathfrak{p} \text{ unendl.}} 1_\mathfrak{p}, \qquad \hat{\alpha}_u = \sum_{\mathfrak{p} \text{ endl.}} 1_\mathfrak{p} + \sum_{\mathfrak{p} \text{ unendl.}} \alpha_\mathfrak{p} 1_\mathfrak{p}$$

hat man die direkte Zerlegung

$$\hat{\varphi} = \hat{\varphi}_e \, \hat{\varphi}_u$$

in endlichen und unendlichen Bestandteil, gegeben durch

$$\hat{\varphi}_e(\hat{\alpha}) = \hat{\varphi}_e(\hat{\alpha}_e) = \hat{\varphi}(\hat{\alpha}_e), \qquad \hat{\varphi}_u(\hat{\alpha}) = \hat{\varphi}_u(\hat{\alpha}_u) = \hat{\varphi}(\hat{\alpha}_u).$$

Satz 1. *Für einen Idelcharakter $\hat{\varphi}$ in K hat der endliche Bestandteil $\hat{\varphi}_e$ endlichen Führer $\mathfrak{f}_e$, d. h. es existieren ganze Divisoren $\mathfrak{m}$ von K derart, daß*

$$\hat{\varphi}_e(\hat{\alpha}_e) = 1 \text{ für alle } \hat{\alpha}_e \cong 1 \bmod \mathfrak{m}$$

ist, und diese $\mathfrak{m}$ sind die sämtlichen Vielfachen eines kleinsten solchen $\mathfrak{f}_e$.

Beweis. Letzteres ergibt sich in geläufiger Weise, wenn die Existenzbehauptung feststeht. Da mit $\hat{\varphi}$ auch $\hat{\varphi}_e$ stetig ist, existiert nun für die endlichen Bestandteile $\hat{\alpha}_e$ eine durch einen ganzen Divisor $\mathfrak{m}$ von K gelieferte Umgebung

$$\hat{\alpha}_e \cong 1 \bmod \mathfrak{m}$$

derart, daß die ihr entsprechenden Werte $\hat{\varphi}_e(\hat{\alpha}_e)$ durchweg in der komplexen Umgebung

$$|\hat{\varphi}_e(\hat{\alpha}_e) - 1| < \sqrt{3}$$

liegen. Ein solcher Divisor hat die behauptete Eigenschaft, weil einerseits die $\hat{\varphi}_e(\hat{\alpha}_e)$ mit $\hat{\alpha}_e$ aus der ersteren Umgebung eine Gruppe bilden, andererseits aber die letztere Umgebung außer 1 keine Gruppe enthält, da ja für jedes ihr angehörige komplexe $z \neq 1$ eine geeignet gewählte Potenz z^n mit ganzrationalem n nicht in ihr liegt.

Entsprechend der direkten Zerlegung

$$\hat{\alpha} = \sum_{\mathfrak{p}} \hat{\alpha}_\mathfrak{p}$$

in Komponenten

$$\hat{\alpha}_\mathfrak{p} = \alpha_\mathfrak{p} 1_\mathfrak{p} + \sum_{\mathfrak{p}' \neq \mathfrak{p}} 1_{\mathfrak{p}'},$$

hat man die direkte Zerlegung

$$\hat{\varphi} = \prod_{\mathfrak{p}} \varphi_\mathfrak{p}$$

in Komponenten, gegeben durch

$$\varphi_\mathfrak{p}(\hat{\alpha}) = \varphi_\mathfrak{p}(\hat{\alpha}_\mathfrak{p}) = \hat{\varphi}(\hat{\alpha}_\mathfrak{p}).$$

Diese Komponenten $\varphi_\mathfrak{p}$ sind auf Grund der Festsetzung $\varphi_\mathfrak{p}(\hat{\alpha}_\mathfrak{p}) = \varphi_\mathfrak{p}(\alpha_\mathfrak{p})$ als komplexwertige Charaktere der $\mathsf{K}_\mathfrak{p}^\times$ auffaßbar, und zwar für die endlichen $\mathfrak{p}$ von endlichen Führern, nämlich den Komponenten von

$$\mathfrak{f}_e = \prod_{\mathfrak{p} \text{ endl.}} \mathfrak{f}_\mathfrak{p} \quad \text{mit} \quad \mathfrak{f}_\mathfrak{p} = \mathfrak{p}^{w_\mathfrak{p}(\mathfrak{f}_e)}.$$

Für die Komponentenzerlegung von $\hat{\varphi}$ beachte man, daß zufolge der Endlichkeitseigenschaft der Idele $\hat{\alpha}$ und des Führers $\mathfrak{f}_e$ bei festem $\hat{\alpha}$ fast alle $\varphi_\mathfrak{p}(\alpha_\mathfrak{p}) = 1$ sind (nämlich sicher, wenn $\mathfrak{p}$ endlich, $w_\mathfrak{p}(\hat{\alpha}) = 0$, $\mathfrak{f}_\mathfrak{p} = 1$).

Satz 2. *Für einen Idelcharakter $\hat{\varphi}$ in K haben die Komponenten $\varphi_{\mathfrak{p}}$ des unendlichen Bestandteils*

$$\hat{\varphi}_u = \prod_{\mathfrak{p} \text{ unendl.}} \varphi_{\mathfrak{p}}$$

die Gestalt

$$\varphi_{\mathfrak{p}}(\alpha_{\mathfrak{p}}) = |\alpha_{\mathfrak{p}}|^{s_{\mathfrak{p}}} \left(\frac{\alpha_{\mathfrak{p}}}{|\alpha_{\mathfrak{p}}|}\right)^{g_{\mathfrak{p}}}$$

mit komplexen $s_{\mathfrak{p}}$ und ganzrationalen $g_{\mathfrak{p}}$, wobei es für die reellen unendlichen $\mathfrak{p}$ nur auf die $g_{\mathfrak{p}}$ mod 2 *ankommt.*

Beweis. Das ergibt sich ohne weiteres aus der bekannten Tatsache, daß jeder stetige komplexwertige Charakter φ der komplexen bzw. reellen Multiplikationsgruppe sich in Polarkoordinaten $z = r\, e^{2\pi i \vartheta}$ in der Gestalt $\varphi(z) = r^s e^{2\pi i g \vartheta}$ mit komplexem s und ganzrationalem g darstellt.

Als Führer von φ_u rechnet man das Produkt

$$\mathfrak{f}_u = \prod_{\substack{\mathfrak{p} \text{ reell} \\ g_{\mathfrak{p}} \equiv 1 \bmod 2}} \mathfrak{p}$$

der reellen unendlichen $\mathfrak{p}$ mit $g_{\mathfrak{p}} \equiv 1 \bmod 2$, für die also $\hat{\varphi}_u(\hat{\alpha})$ vom Vorzeichen $\frac{\alpha_{\mathfrak{p}}}{|\alpha_{\mathfrak{p}}|}$, nicht nur vom absoluten Betrag $|\alpha_{\mathfrak{p}}|$ der Komponente $\alpha_{\mathfrak{p}}$ abhängt, und als Führer von $\hat{\varphi} = \hat{\varphi}_e \hat{\varphi}_u$ dann das Produkt

$$\mathfrak{f} = \mathfrak{f}_e \mathfrak{f}_u.$$

Im folgenden kommt es jedoch wesentlich nur auf den endlichen Führerbestandteil $\mathfrak{f}_e$ an.

Für den endlichen Bestandteil $\hat{\varphi}_e$ folgt, wie man ohne weiteres erkennt, auch umgekehrt die Stetigkeit aus der Endlichkeit des Führers. Daher liefert auch umgekehrt jedes komplexwertige Charakterpaar $\hat{\varphi}_e$, $\hat{\varphi}_u$ des endlichen bzw. unendlichen Bestandteils der Idelgruppe von K mit den Eigenschaften aus Satz 1 bzw. Satz 2 einen Idelcharakter $\hat{\varphi} = \hat{\varphi}_e \hat{\varphi}_u$ in K.

3. Jedem Idelcharakter $\hat{\varphi}$ in K läßt sich eindeutig ein komplexwertiger Charakter φ der Divisorengruppe von K, kurz ein *Divisorcharakter* φ in K zuordnen, nämlich nach der folgenden Vorschrift. Man fasse in der Komponentenzerlegung des endlichen Bestandteils von $\hat{\varphi} = \hat{\varphi}_e \hat{\varphi}_u$ die einzelnen Komponenten nach dem Schema

$$\hat{\varphi}_e = \prod_{\mathfrak{p} \text{ endl.}} \varphi_{\mathfrak{p}} = \varphi_0 \varphi^{-1}$$

mit

$$(1_0.) \qquad \varphi_0 = \prod_{\mathfrak{p} | \mathfrak{f}_e} \varphi_{\mathfrak{p}}, \qquad \varphi^{-1} = \prod_{\substack{\mathfrak{p} \text{ endl.} \\ \mathfrak{p} \nmid \mathfrak{f}_e}} \varphi_{\mathfrak{p}}$$

zu zwei Bestandteilen φ_0, φ^{-1} von $\hat{\varphi}_e$ zusammen, deren erster φ_0 im folgenden nur als Hilfsbildung auftritt, während der zweite φ^{-1} oder vielmehr sein Reziprokes φ die wesentliche Rolle spielt. Für den vollen Idelcharakter $\hat{\varphi}$ hat man so die Zerlegung

$$(2_0.) \qquad \hat{\varphi} = \varphi_0 \varphi^{-1} \hat{\varphi}_u$$

in die drei Bestandteile φ_0, φ^{-1}, $\hat{\varphi}_u$.

Nach $(1_0.)$ hängen die Werte $\varphi_0(\hat{\alpha})$ des ersten Bestandteils jeweils nur von der Restklasse $\hat{\alpha} \bmod \mathfrak{f}_e$ und die Werte $\varphi(\hat{\alpha})$ des zweiten Bestandteils jeweils nur von dem $\hat{\alpha}$ zugeordneten Divisor $\mathfrak{a}$ ab. Wegen der letzteren Tatsache liefert der durch $\hat{\varphi}$ nach der Vorschrift $(1_0.)$ bestimmte Idelcharakter φ in K durch die Festsetzung

$$(3_0.) \qquad \varphi(\hat{\alpha}) = \varphi(\mathfrak{a}), \text{ wo } \hat{\alpha} \cong \mathfrak{a}$$

in der Tat einen Divisorcharakter φ in K.

Diese eindeutige Zuordnung $\hat{\varphi} \to \varphi$ ist noch kein Homomorphismus der Idelcharaktergruppe in die Divisorcharaktergruppe, weil die Bildungsvorschrift (1_0.) vom Führerbestandteil $\mathfrak{f}_e$ abhängt. Man kann jedoch in folgender Weise zu einer homomorphen Zuordnung gelangen.

Es sei ein ganzer Divisor $\mathfrak{m}$ von K vorgegeben. Man gehe dann aus von den mod $\mathfrak{m}$ *erklärbaren Idelcharakteren* $\hat{\varphi}$ in K, für die also $\mathfrak{f}_e | \mathfrak{m}$ ist, und beschränke sich auf die zu $\mathfrak{m}$ primen Divisoren $\mathfrak{a}$ von K als Argumente der Divisorcharaktere φ, kurz auf die *zu* $\mathfrak{m}$ *primen Divisorcharaktere* φ in K. Dann spielen in der Bildungsvorschrift (1_0.) die Primdivisoren $\mathfrak{p} \nmid \mathfrak{f}_e$ mit $\mathfrak{p} \mid \mathfrak{m}$ für den durch die Festsetzung (3_0.) gelieferten zu $\mathfrak{m}$ primen Divisorcharakter φ keine Rolle. Man kann daher bei dieser Beschränkung anstelle von (1_0.), (2_0.), (3_0.) für alle betrachteten $\hat{\varphi}$ einheitlich

$$(1.)\qquad \varphi_0 = \prod_{\mathfrak{p} | \mathfrak{m}} \varphi_{\mathfrak{p}}, \qquad \varphi^{-1} = \prod_{\substack{\mathfrak{p}\text{ endl.}\\ \mathfrak{p} \nmid \mathfrak{m}}} \varphi_{\mathfrak{p}},$$

$$(2.)\qquad \hat{\varphi} = \varphi_0 \varphi^{-1} \hat{\varphi}_u,$$

$$(3.)\qquad \varphi(\hat{\alpha}) = \varphi(\mathfrak{a}_0), \text{ wo } \hat{\alpha} \cong \mathfrak{a} \quad \text{und} \quad \mathfrak{a}_0 = \prod_{\mathfrak{p} \nmid \mathfrak{m}} \mathfrak{p}^{w_{\mathfrak{p}}(\mathfrak{a})}$$

setzen und erhält damit ersichtlich einen Homomorphismus $\hat{\varphi} \to \varphi$ der Gruppe der Idelcharaktere mod $\mathfrak{m}$ in die Gruppe der zu $\mathfrak{m}$ primen Divisorcharaktere.

4. Unter einem *Idelklassencharakter* in K sei ein Idelcharakter $\hat{\varphi}$ in K verstanden, der auf der Untergruppe der Hauptidele $\hat{\alpha} = \alpha$ durchweg den Wert 1 hat, also mit der Eigenschaft

$$(4.)\qquad \hat{\varphi}(\alpha) = 1 \qquad \text{für Zahlen } \alpha,$$

so daß dann auf der vollen Idelgruppe die Werte $\hat{\varphi}(\hat{\alpha})$ jeweils nur von der Idelklasse $\hat{\alpha} K^{\times}$ abhängen.

Der einem mod $\mathfrak{m}$ erklärbaren Idelklassencharakter $\hat{\varphi}$ gemäß (1.), (3.) zugeordnete zu $\mathfrak{m}$ prime Divisorcharakter φ hat auf der Untergruppe der zu $\mathfrak{m}$ primen Hauptdivisoren $\mathfrak{a} \cong \alpha$ nach (4.) und im Hinblick auf die Zerlegung (2.) die Eigenschaft $\varphi(\alpha) = \varphi_0(\alpha)\,\hat{\varphi}_u(\alpha)$ und daher auf dem in dieser Untergruppe enthaltenen Zahlstrahl mod $\mathfrak{m}$ im Hinblick auf die Komponentenzerlegung (1.) die Eigenschaft

$$(5.)\qquad \varphi(\alpha) = \hat{\varphi}_u(\alpha) = \prod_{\mathfrak{p}\text{ unendl.}} |\alpha_{\mathfrak{p}}|^{s_{\mathfrak{p}}} \left(\frac{\alpha_{\mathfrak{p}}}{|\alpha_{\mathfrak{p}}|}\right)^{g_{\mathfrak{p}}} \qquad \text{für Zahlen } \alpha \equiv 1 \bmod \mathfrak{m},$$

wo $s_{\mathfrak{p}}$, $g_{\mathfrak{p}}$ die Exponenten aus Satz 2 der Komponenten $\varphi_{\mathfrak{p}}$ des unendlichen Bestandteils $\hat{\varphi}_u$ von $\hat{\varphi}$ sind.

Ein zu $\mathfrak{m}$ primer Divisorcharakter φ in K, der die Eigenschaft (5.) mit komplexen $s_{\mathfrak{p}}$ und ganzrationalen $g_{\mathfrak{p}}$ hat, heißt nach HECKE [13] ein *Größencharakter* mod $\mathfrak{m}$ in K zum unendlichen Bestandteil $\hat{\varphi}_u$. Ist $\mathfrak{f}_e$ der kleinstmögliche Divisor derart, daß sich φ in der geläufigen Weise (ohne Ausdehnung des Wertbereiches) als Größencharakter mod $\mathfrak{f}_e$ ausdehnen läßt, und ist $\mathfrak{f}_u$ aus den $g_{\mathfrak{p}}$ wie oben bei Satz 2 definiert, so heißt $\mathfrak{f} = \mathfrak{f}_e \mathfrak{f}_u$ der Führer von φ.

Im folgenden bezeichne:

$J_{\mathfrak{m}}$ die Gruppe der mod $\mathfrak{m}$ erklärbaren Idelklassencharaktere $\hat{\varphi}$ in K,

$G_{\mathfrak{m}}$ die Gruppe der mod $\mathfrak{m}$ erklärbaren Größencharaktere φ in K.

Nach dem in 3 Gesagten liefert die Zuordnungsvorschrift (1.), (3.) einen Homomorphismus $\hat{\varphi} \to \varphi$ von $J_{\mathfrak{m}}$ in $G_{\mathfrak{m}}$, und zwar geht dabei jeweils der Führer von φ im Führer von $\hat{\varphi}$ auf und die unendlichen Bestandteile von $\hat{\varphi}$ und φ stimmen überein. Es gilt aber sogar:

Satz 3. *Die Zuordnungsvorschrift* (1.), (3.) *liefert einen Isomorphismus* $\hat{\varphi} \to \varphi$ *von* $J_{\mathfrak{m}}$ *auf* $G_{\mathfrak{m}}$, *bei dem jeweils die Führer und unendlichen Bestandteile von* $\hat{\varphi}$ *und* φ *übereinstimmen.*

Beweis. Im Hinblick auf das zuvor schon Festgestellte genügt es noch zu zeigen, daß es zu gegebenem mod $\mathfrak{m}$ erklärbaren Größencharakter φ in K einen und nur einen mod $\mathfrak{m}$ erklärbaren Idelklassencharakter $\hat{\varphi}$ in K derart gibt, daß der $\hat{\varphi}$ nach der Vorschrift (1.), (3.) zugeordnete Größencharakter $\varphi' = \varphi$ ist.

Für einen solchen Idelklassencharakter $\hat{\varphi}$ zu φ muß auf dem Idelstrahl mod $\mathfrak{m}$ nach (2.), (3.) notwendig die Beziehung

$$(6.) \qquad \hat{\varphi}(\hat{\alpha}) = \varphi^{-1}(\mathfrak{a})\, \hat{\varphi}_u(\hat{\alpha}) \quad \text{für Idele } \hat{\alpha} \equiv 1 \bmod \mathfrak{m}, \text{ wo } \hat{\alpha} \cong \mathfrak{a},$$

gelten, und außerdem auf der Hauptidelgruppe die Beziehung (4.). Diese beiden Forderungen für $\hat{\varphi}$ sind auf Grund der Voraussetzung (5.) über φ im Durchschnitt $\hat{\alpha} = \alpha \equiv 1$ mod $\mathfrak{m}$ ihrer beiden Argumentgruppen miteinander verträglich, legen also $\hat{\varphi}$ durch φ in deren Kompositum eindeutig fest. Dies aus dem Idelstrahl mod $\mathfrak{m}$ und der Hauptidelgruppe gebildete Kompositum ist aber bereits die volle Idelgruppe, da ja jedes Idel $\hat{\alpha}$ durch Division mit einem Hauptidel $\alpha \equiv \alpha_{\mathfrak{p}}$ $\bmod^{\times} \mathfrak{m}$ für alle $\mathfrak{p} | \mathfrak{m}$ zu einem Strahlidel $\frac{\hat{\alpha}}{\alpha} \equiv 1$ mod $\mathfrak{m}$ gemacht werden kann. Somit wird durch die als notwendig erkannten Forderungen (6.), (4.) auch wirklich ein Idelklassencharakter $\hat{\varphi}$ festgelegt.

Für den endlichen Bestandteil $\hat{\varphi}_e$ dieses Idelklassencharakters φ gilt nach (6.) ersichtlich $\hat{\varphi}_e(\hat{\alpha}) = 1$, wenn $\hat{\alpha} \cong 1$ mod $\mathfrak{m}$. Gemäß Satz 1 ist $\hat{\varphi}$ daher mod $\mathfrak{m}$ erklärbar.

Für den $\hat{\varphi}$ zugeordneten Größencharakter φ' hat man nach (1.), (2.), (3.) ersichtlich $\varphi'^{-1}(\mathfrak{a}) = \hat{\varphi}(\hat{\alpha})$, wenn das Idel $\hat{\alpha} \cong \mathfrak{a}$ so gewählt wird, daß $\alpha_{\mathfrak{p}} = 1$ für alle $\mathfrak{p}|\mathfrak{m}$ und alle unendlichen $\mathfrak{p}$ ist. Für ein solches Idel $\hat{\alpha}$ ist aber nach (6.) gerade $\hat{\varphi}(\hat{\alpha}) = \varphi^{-1}(\mathfrak{a})$. Somit ist in der Tat $\varphi' = \varphi$.

5. Nachstehend soll noch die von Hecke [13] mittels eines Systems idealer Zahlen zu K gegebene konstruktive Übersicht über die Größencharaktergruppe $G_{\mathfrak{m}}$ auf dem Boden der hier zugrundegelegten ideltheoretischen Methodik entwickelt und dadurch invariant und durchsichtiger gestaltet werden. Es ist das zwar für das Folgende nicht unbedingt erforderlich, vertieft aber das Verständnis für das in § 8, 4 angekündigte, in § 10 zu beweisende Weilsche Ergebnis.

Die Aufgabe zerfällt in zwei Teile, erstens die Reduktion der Gruppe $G_{\mathfrak{m}}$ auf die Gruppe $U_{\mathfrak{m}}$ der bei den Größencharakteren φ aus $G_{\mathfrak{m}}$ — oder, was nach Satz 3 dasselbe, bei den Idelklassencharakteren $\hat{\varphi}$ aus $J_{\mathfrak{m}}$ — vorkommenden unendlichen Bestandteile $\hat{\varphi}_u$, und zweitens die explizite Bestimmung dieser Gruppe $U_{\mathfrak{m}}$.

Die unendlichen Bestandteile $\hat{\varphi}_u$ aus $U_{\mathfrak{m}}$ haben nach (5.), weil die Größencharaktere φ aus $G_{\mathfrak{m}}$ Divisorcharaktere sind, sicher die Eigenschaft

$$(7.) \qquad \hat{\varphi}_u(\varepsilon) = 1 \text{ für Einheiten } \varepsilon \equiv 1 \bmod \mathfrak{m}.$$

Diese für das Vorkommen von $\hat{\varphi}_u$ in $U_{\mathfrak{m}}$ notwendige Bedingung ist aber auch hinreichend, d. h. die Gruppe $U_{\mathfrak{m}}$ ist durch das Verhalten (7.) auf dem Einheitenstrahl mod $\mathfrak{m}$ gekennzeichnet.

Ist nämlich (7.) für $\hat{\varphi}_u$ erfüllt, so wird durch die Festsetzung

$$(8.) \qquad \varphi(\mathfrak{a}) = \varphi_u(\alpha) \text{ für } \mathfrak{a} \cong \alpha \equiv 1 \bmod \mathfrak{m}$$

auf dem Hauptdivisorstrahl mod $\mathfrak{m}$ eindeutig ein komplexwertiger Charakter φ festgelegt. Ist dann $\mathfrak{w}_1, \ldots, \mathfrak{w}_k$ ein Vertretersystem für eine Basis der Strahlklassengruppe mod $\mathfrak{m}$, mit den diese Gruppe erzeugenden Relationen

$$\mathfrak{w}_\varkappa^{m_\varkappa} \cong \omega_\varkappa \equiv 1 \bmod \mathfrak{m} \quad (\varkappa = 1, \ldots, k),$$

so erhält man eine Fortsetzung von φ als zu $\mathfrak{m}$ primer Divisorcharakter, indem man die komplexzahligen Werte

$$\varphi(\mathfrak{w}_\varkappa) = \sqrt[m_\varkappa]{\hat{\varphi}_u(\omega_\varkappa)} \qquad (\varkappa = 1, \ldots, k) \tag{9.}$$

mit irgendwie normierten $m_\varkappa$-ten Wurzeln vorschreibt. Jeder so konstruierte zu $\mathfrak{m}$ prime Divisorcharakter φ hat die Eigenschaft (5.), ist also ein Größencharakter aus $G_\mathfrak{m}$ mit $\hat{\varphi}_u$ als unendlichem Bestandteil.

Da auch umgekehrt jeder Größencharakter φ aus $G_\mathfrak{m}$ mit $\hat{\varphi}_u$ als unendlichem Bestandteil aus seinem Kern (8.) durch die Konstruktionsvorschrift (9.) entsteht, ist hiermit eine konstruktive Übersicht über die Größencharaktergruppe $G_\mathfrak{m}$ — und damit nach Satz 3 auch über die Idelklassencharaktergruppe $J_\mathfrak{m}$ — von der unendlichen Bestandteilgruppe $U_\mathfrak{m}$ aus gewonnen.

Bei der Konstruktionsvorschrift (8.), (9.) entspricht speziell dem unendlichen Bestandteil $\hat{\varphi}_u = 1$ die in $G_\mathfrak{m}$ enthaltene Gruppe $\mathsf{X}_\mathfrak{m}$ der Strahlklassencharaktere mod $\mathfrak{m}$, wie sie in der Takagischen Klassenkörpertheorie vorkommt, und allgemein entspricht dann jedem festen unendlichen Bestandteil $\hat{\varphi}_u$ aus $U_\mathfrak{m}$ eine Nebengruppe von $G_\mathfrak{m}$ nach $\mathsf{X}_\mathfrak{m}$. Da die unendlichen Bestandteile $\hat{\varphi}_u$ im Hinblick auf ihre Stetigkeit bereits durch ihre Werte auf dem Zahlstrahl mod $\mathfrak{m}$ festgelegt sind — man kann ja jeden unendlichen Idelbestandteil $\hat{\alpha}_u$ für die unendlichen Primstellen $\mathfrak{p}$ beliebig durch Zahlen $\alpha \equiv 1$ mod $\mathfrak{m}$ approximieren —, ist jenes Entsprechen auch rückwärts eindeutig. Man hat somit die Isomorphie

$$G_\mathfrak{m}/\mathsf{X}_\mathfrak{m} \cong U_\mathfrak{m}. \tag{10.}$$

Die Untergruppe $\mathsf{X}_\mathfrak{m}$ von $G_\mathfrak{m}$ besteht aus lauter Elementen von endlicher Ordnung. Umgekehrt ist ein Größencharakter φ aus $G_\mathfrak{m}$ genau dann von endlicher Ordnung, wenn der ihm zugrundeliegende unendliche Bestandteil $\hat{\varphi}_u$ von endlicher Ordnung ist, und dies ist genau dann der Fall, wenn sich die Basisdarstellung von $\hat{\varphi}_u$ aus Satz 2 auf

$$\hat{\varphi}_u(\hat{\alpha}) = \prod_{\mathfrak{p}\ \text{reell}} \left(\frac{\alpha_\mathfrak{p}}{|\alpha_\mathfrak{p}|}\right)^{g_\mathfrak{p}} = \prod_{\mathfrak{p}\ \text{reell}} (\operatorname{sgn}_\mathfrak{p} \hat{\alpha})^{g_\mathfrak{p}}$$

mit Exponenten $g_\mathfrak{p}$ mod 2 reduziert, d. h. wenn φ_u ein *Vorzeichencharakter* ist.

Die in der Gruppe $U_\mathfrak{m}$ vorkommenden Vorzeichencharaktere bilden eine Untergruppe $V_\mathfrak{m}$. Dieser entspricht bei der Isomorphie (10.) in $G_\mathfrak{m}$ die Untergruppe $\mathsf{X}_{\tilde{\mathfrak{m}}}$ der Strahlklassencharaktere mod $\tilde{\mathfrak{m}}$, wo

$$\tilde{\mathfrak{m}} = \mathfrak{m}\, p_\infty \quad \text{mit} \quad p_\infty = \prod_{\mathfrak{p}\ \text{unendl.}} \mathfrak{p}$$

gesetzt ist. Als die Untergruppen der Elemente von endlicher Ordnung sind $V_\mathfrak{m}$, $\mathsf{X}_\mathfrak{m}$ direkte Faktoren von $U_\mathfrak{m}$, $G_\mathfrak{m}$, wobei allerdings die komplementären direkten Faktoren nicht eindeutig festliegen. Jedenfalls entspricht aber hiernach in Verschärfung der Isomorphie (10.) der direkten Abspaltung von $V_\mathfrak{m}$ aus $U_\mathfrak{m}$ eine direkte Zerlegung

$$G_\mathfrak{m} = \mathsf{X}_{\tilde{\mathfrak{m}}}\, H_\mathfrak{m} \text{ mit } H_\mathfrak{m} \cong U_\mathfrak{m}/V_\mathfrak{m}. \tag{11.}$$

Durch die Konstruktionsvorschrift (8.), (9.) und die Isomorphieaussage (10.) nebst ihrer Verschärfung (11.) ist die konstruktive Beherrschung der Größencharaktergruppe $G_\mathfrak{m}$ — und damit nach Satz 3 auch der Idelklassencharaktergruppe $J_\mathfrak{m}$ — zurückgeführt auf die explizite Bestimmung der durch die Eigenschaft (7.) gekennzeichneten unendlichen Bestandteilgruppe $U_\mathfrak{m}$ nebst der in ihr enthaltenen Vorzeichencharaktergruppe $V_\mathfrak{m}$.

6. Bei der jetzt durchzuführenden Bestimmung von $U_\mathfrak{m}$ soll $\mathfrak{p}$ immer nur die unendlichen Primstellen von K durchlaufen. Es bezeichne in üblicher Weise

$$r = r_1 + r_2$$

deren Anzahl, zerlegt in die Anzahlen r_1, r_2 der reellen bzw. komplexen Primstellen $\mathfrak{p}$, sowie

$$n = r_1 + 2r_2 = \sum_{\mathfrak{p}} n_{\mathfrak{p}} \quad \text{mit} \quad n_{\mathfrak{p}} = 1 \text{ oder } 2$$

die Zerlegung des Grades n von K in die Grade $n_{\mathfrak{p}}$ der reellen bzw. komplexen Komponenten $\mathsf{K}_{\mathfrak{p}}$.

Die unendlichen Bestandteile $\hat{\varphi}_u$ von Idelcharakteren φ werden gemäß Satz 2 in der Basisdarstellung

$$\hat{\varphi}_u(\hat{\alpha}) = \prod_{\mathfrak{p}} |\alpha_{\mathfrak{p}}|^{s_{\mathfrak{p}}} \left(\frac{\alpha_{\mathfrak{p}}}{|\alpha_{\mathfrak{p}}|}\right)^{g_{\mathfrak{p}}} \tag{12.}$$

mit komplexen $s_{\mathfrak{p}}$ und ganzrationalen $g_{\mathfrak{p}}$ angesetzt, wobei es für die reellen $\mathfrak{p}$ nur auf die Restklasse $g_{\mathfrak{p}}$ mod 2 ankommt. Aus der Forderung, daß $\hat{\varphi}_u$ bei einem Idel*klassen*charakter $\hat{\varphi}$ aus $J_{\mathfrak{m}}$ — oder also bei einem Größencharakter φ aus $G_{\mathfrak{m}}$ — vorkommen, d. h. der Gruppe $U_{\mathfrak{m}}$ angehören soll, ergeben sich Einschränkungen für die Exponenten $s_{\mathfrak{p}}$, $g_{\mathfrak{p}}$ in (12.). Gemäß der $U_{\mathfrak{m}}$ kennzeichnenden Eigenschaft (7.) lauten diese Einschränkungen in impliziter Form

$$\prod_{\mathfrak{p}} |\varepsilon_{\mathfrak{p}}|^{s_{\mathfrak{p}}} \left(\frac{\varepsilon_{\mathfrak{p}}}{|\varepsilon_{\mathfrak{p}}|}\right)^{g_{\mathfrak{p}}} = 1 \qquad \text{für Einheiten } \varepsilon \equiv 1 \text{ mod } \mathfrak{m}. \tag{13.}$$

Für die explizite Beschreibung dieser Einschränkungen beschränkt man sich zweckmäßig zunächst auf die *total-positiven* Einheiten des Einheitenstrahls mod $\mathfrak{m}$, also auf den Einheitenstrahl mod $\tilde{\mathfrak{m}}$. Man betrachtet demnach zunächst nur die Obergruppe $U_{\tilde{\mathfrak{m}}}$ mit der abgeschwächten kennzeichnenden Eigenschaft

$$\hat{\varphi}_u(\eta) = 1 \qquad \text{für Einheiten } \eta \equiv 1 \text{ mod } \mathfrak{m} \tag{$\tilde{7}$.}$$

und die dementsprechend abgeschwächten impliziten Einschränkungen

$$\prod_{\mathfrak{p}} |\eta_{\mathfrak{p}}|^{s_{\mathfrak{p}}} \left(\frac{\eta_{\mathfrak{p}}}{|\eta_{\mathfrak{p}}|}\right)^{g_{\mathfrak{p}}} = 1 \qquad \text{für Einheiten } \eta \equiv 1 \text{ mod } \tilde{\mathfrak{m}}. \tag{$\tilde{13}$.}$$

Der Einheitenstrahl mod $\tilde{\mathfrak{m}}$ ist eine abelsche Gruppe vom Typus $(\underbrace{0, \ldots, 0}_{r-1}, m)$, wo m die Ordnung des in ihm enthaltenen Einheitswurzelzyklus ist. Es seien die $\eta_\varrho (\varrho = 1, \ldots, r-1)$ nebst ζ Basisstrahleinheiten mod $\tilde{\mathfrak{m}}$ von den Ordnungen 0 bzw. m. Zur Beschreibung der Funktionen $\hat{\varphi}_u$ aus $U_{\mathfrak{m}}$ lege man dann statt der bisherigen Argumente $|\alpha_{\mathfrak{p}}|$, $\frac{\alpha_{\mathfrak{p}}}{|\alpha_{\mathfrak{p}}|}$ die reellzahligen Bildungen $\mathfrak{N}_u(\hat{\alpha})$, $l_\varrho(\hat{\alpha})$, $\vartheta_{\mathfrak{p}}(\hat{\alpha})$ aus der bekannten eindeutigen Exponentialdarstellung

$$\alpha_{\mathfrak{p}} = \mathfrak{N}_u(\hat{\alpha})^{\frac{1}{n}} \cdot \prod_{\varrho=1}^{r-1} |\eta_\varrho|_{\mathfrak{p}}^{l_\varrho(\hat{\alpha})} \cdot e^{2\pi i \vartheta_{\mathfrak{p}}(\hat{\alpha})} \tag{14.}$$

des Systems der unendlichen Komponenten $\alpha_{\mathfrak{p}}$ von $\hat{\alpha}$ zugrunde. Diese Bildungen stehen mit den bisherigen Argumenten in umkehrbar eindeutigem Zusammenhang, nämlich $\mathfrak{N}_u(\hat{\alpha})$ und die $l_\varrho(\hat{\alpha})$ mit den $|\alpha_{\mathfrak{p}}|$ durch das lineare Gleichungssystem

$$\log |\alpha_{\mathfrak{p}}| = \frac{1}{n} \log \mathfrak{N}_u(\hat{\alpha}) + \sum_{\varrho=1}^{r-1} \log |\eta_\varrho|_{\mathfrak{p}} \, l_\varrho(\hat{\alpha}) \tag{14a.}$$

mit der Regulatormatrix $\left(\frac{1}{n}, \log |\eta_\varrho|_{\mathfrak{p}}\right)$ des Einheitenstrahls mod $\tilde{\mathfrak{m}}$, und die $\vartheta_{\mathfrak{p}}(\hat{\alpha})$ mod$^+$ 1 mit den $\frac{\alpha_{\mathfrak{p}}}{|\alpha_{\mathfrak{p}}|}$ durch den Amplitudenansatz

$$\frac{\alpha_{\mathfrak{p}}}{|\alpha_{\mathfrak{p}}|} = e^{2\pi i \vartheta_{\mathfrak{p}}(\hat{\alpha})} \tag{14b.}$$

mit hier zweckmäßig $\bmod^+ 1$ statt $\bmod^+ 2\pi$ normierten Amplituden. Von der bei HECKE [13] herangezogenen expliziten Auflösung des Gleichungssystems (14a.) nach $\mathfrak{N}_u(\hat{\alpha})$ und den $l_\varrho(\hat{\alpha})$ vermöge der reziproken Regulatormatrix wird im folgenden lediglich die durch Summation über die $\mathfrak{p}$ (mit den Koeffizienten $n_\mathfrak{p}$) folgende explizite Darstellung

$$\mathfrak{N}_u(\hat{\alpha}) = \prod_\mathfrak{p} |\alpha_\mathfrak{p}|^{n_\mathfrak{p}}$$

gebraucht, nach der $\mathfrak{N}_u(\hat{\alpha}) = \mathfrak{N}(\hat{\alpha}_u)$ die Verallgemeinerung der Absolutnorm von Zahlen auf unendliche Bestandteile $\hat{\alpha}_u$ von Idelen $\hat{\alpha}$ ist.

Bei Beschreibung der Funktionen $\hat{\varphi}_u$ aus $U_{\bar{\mathfrak{m}}}$ in diesen neuen Argumenten transformiert sich die Basisdarstellung (12.) in die Gestalt

$$\hat{\varphi}_u(\hat{\alpha}) = \mathfrak{N}_u(\hat{\alpha})^s \cdot \prod_{\varrho=1}^{r-1} e^{2\pi i w_\varrho l_\varrho(\hat{\alpha})} \cdot \prod_\mathfrak{p} e^{2\pi i g_\mathfrak{p} \vartheta_\mathfrak{p}(\hat{\alpha})} \tag{15.}$$

mit r neuen komplexen Exponenten s, w_ϱ statt der bisherigen $s_\mathfrak{p}$. Die für das Erfülltsein der Forderungen ($\widetilde{13}$.) notwendigen und hinreichenden Bedingungen

$$\hat{\varphi}_u(\eta_\varrho) = 1 \qquad (\varrho = 1, \ldots, r-1),$$
$$\hat{\varphi}_u(\zeta) = 1$$

drücken sich dabei folgendermaßen aus:

$$e^{2\pi i (w_\varrho + \sum_\mathfrak{p} g_\mathfrak{p} \vartheta_\mathfrak{p}(\eta_\varrho))} = 1 \qquad (\varrho = 1, \ldots, r-1),$$
$$e^{2\pi i \sum_\mathfrak{p} g_\mathfrak{p} \vartheta_\mathfrak{p}(\zeta)} = 1.$$

Die ersten $r-1$ Bedingungen besagen, daß die Exponenten w_ϱ reell und die mit ihnen und den $g_\mathfrak{p}$ gebildeten Ausdrücke

$$w_\varrho + \sum_\mathfrak{p} g_\mathfrak{p} \vartheta_\mathfrak{p}(\eta_\varrho) = f_\varrho \qquad (\varrho = 1, \ldots, r-1) \tag{16.}$$

ganzrational sein sollen; zur eindeutigen Festlegung dieser ganzrationalen f_ϱ hat man dabei für die Amplituden $\vartheta_\mathfrak{p}(\eta_\varrho) \bmod^+ 1$ eine feste Normierung, etwa $0 \leqq \vartheta_\mathfrak{p}(\eta_\varrho) < 1$, zugrundegelegt zu denken. Die letzte Bedingung besagt das Bestehen der linearen Kongruenz

$$\sum_\mathfrak{p} g_\mathfrak{p} j_\mathfrak{p}(\zeta) \equiv 0 \mod m \tag{17.}$$

zwischen den ganzrationalen Exponenten $g_\mathfrak{p}$, mit den ganzzahligen zu m primen Koeffizienten $j_\mathfrak{p}(\zeta) \equiv m\, \vartheta_\mathfrak{p}(\zeta) \bmod m$.

Bei Erfülltsein dieser r Bedingungen (16.), (17.) bekommt die Basisdarstellung (15.) die Gestalt

$$\hat{\varphi}_u(\hat{\alpha}) = \mathfrak{N}_u(\hat{\alpha})^s \cdot \prod_{\varrho=1}^{r-1} e^{2\pi i f_\varrho l_\varrho(\hat{\alpha})} \cdot \prod_\mathfrak{p} e^{2\pi i g_\mathfrak{p} \left(\vartheta_\mathfrak{p}(\hat{\alpha}) - \sum_{\varrho=1}^{r-1} l_\varrho(\hat{\alpha}) \vartheta_\mathfrak{p}(\eta_\varrho)\right)} \tag{18.}$$

mit komplexem s und ganzrationalen f_ϱ, $g_\mathfrak{p}$, wobei die $g_\mathfrak{p}$ der primitiven linearen Kongruenz (17.) genügen. Hinsichtlich der Tatsache, daß es für die reellen $\mathfrak{p}$ nur auf die Restklasse $g_\mathfrak{p} \bmod 2$ ankommt, beachte man, daß für diese $\mathfrak{p}$ wegen $\eta_\varrho \equiv 1 \bmod \mathfrak{p}$ bei der getroffenen Amplitudennormierung die $\vartheta_\mathfrak{p}(\eta_\varrho) = 0$ sind, so daß die zu den $\vartheta_\mathfrak{p}(\hat{\alpha}) \equiv 0$ oder $\frac{1}{2} \bmod^+ 1$ hinzutretenden Summen $\sum_{\varrho=1}^{r-1} l_\varrho(\hat{\alpha})\, \vartheta_\mathfrak{p}(\eta_\varrho) = 0$ sind. Demgemäß reduziert sich die Basisdarstellung (18.) auf

$$\hat{\varphi}_u(\hat{\alpha}) = \mathfrak{N}_u(\hat{\alpha})^s \cdot \prod_{\varrho=1}^{r-1} F_\varrho(\hat{\alpha})^{f_\varrho} \cdot \prod_{\mathfrak{p}\ \text{komplex}} G_\mathfrak{p}(\hat{\alpha})^{g_\mathfrak{p}} \cdot \prod_{\mathfrak{p}\ \text{reell}} (\operatorname{sgn}_\mathfrak{p} \hat{\alpha})^{g_\mathfrak{p}} \tag{19.}$$

mit den von HECKE [13] angegebenen Basischarakteren

$$(20.)\quad \left\{\begin{array}{lll} F_\varrho(\hat{\alpha}) & = e^{2\pi i l_\varrho(\hat{\alpha})} & (\varrho = 1,\ldots, r-1) \\ G_\mathfrak{p}(\hat{\alpha}) & = e^{2\pi i\left(\vartheta_\mathfrak{p}(\hat{\alpha}) - \sum_{\varrho=1}^{r-1} l_\varrho(\hat{\alpha})\,\vartheta_\mathfrak{p}(\eta_\varrho)\right)} & (\mathfrak{p}\ \text{komplex}) \\ \operatorname{sgn}_\mathfrak{p}(\hat{\alpha}) & = e^{2\pi i \vartheta_\mathfrak{p}(\hat{\alpha})} & (\mathfrak{p}\ \text{reell}) \end{array}\right\},$$

zu denen noch die Absolutnorm $\mathfrak{N}_u(\hat{\alpha})$ als weiterer Basischarakter hinzutritt.

Die Basischaraktere F_ϱ, $G_\mathfrak{p}$, $\operatorname{sgn}_\mathfrak{p}$ haben in (19.) ganzrationale Exponenten f_ϱ, $g_\mathfrak{p}$. Bei freien Exponenten erzeugen sie eine abelsche Gruppe vom Typus $(\underbrace{0,\ldots\ldots,0}_{r-1};\underbrace{0,\ldots\ldots,0}_{r_2};\underbrace{2,\ldots\ldots,2}_{r_1})$, also vom Rang $(r-1)+r_2 = n-1$. Im Hinblick auf die zu fordernde primitive lineare Kongruenz (17.) zwischen den Exponenten $g_\mathfrak{p}$ reduziert sich diese Gruppe auf eine Untergruppe $U^{(0)}_{\mathfrak{m}}$ vom Index m mit zyklischer Faktorgruppe, also vom selben Rang $n-1$. Die durch die Eigenschaft $(\tilde{7}.)$ gekennzeichnete Gruppe $U_{\tilde{\mathfrak{m}}}$ entsteht dann nach (19.) als das direkte Produkt dieser diskreten Untergruppe $U^{(0)}_{\dot{\mathfrak{m}}}$ mit der kontinuierlichen Gruppe der komplexzahligen Potenzen der Absolutnorm $\mathfrak{N}_u$.

Für die weitere Untersuchung unterscheidet man zweckmäßig zwei Fälle.

a) K ist total-komplex, also $r_1 = 0$.

Dann ist $U_{\tilde{\mathfrak{m}}} = U_\mathfrak{m}$ bereits die gesuchte, durch die Eigenschaft (7.) gekennzeichnete Gruppe. Die in der direkten Zerlegung (11.) auftretende Untergruppe ihrer Elemente von endlicher Ordnung ist $V_\mathfrak{m} = 1$, und die Strahlklassencharaktergruppe $X_{\tilde{\mathfrak{m}}} = X_\mathfrak{m}$. In diesem Falle verschärft sich somit die Isomorphie (10.) zu einer direkten Zerlegung

$$(21.)\qquad G_\mathfrak{m} = X_\mathfrak{m} H_\mathfrak{m} \quad \text{mit } H_\mathfrak{m} \cong U_\mathfrak{m},$$

wobei der diskrete Bestandteil $U^{(0)}_{\mathfrak{m}}$ von $U_\mathfrak{m}$ vom $(n-1)$-gliedrigen Typus $(0,\ldots\ldots,0)$ ist.

b) K hat reelle Konjugierte, also $r_1 > 0$.

Dann ist notwendig $m = 1$, da in K an Einheitswurzeln nur ± 1, also im Strahl mod $\tilde{\mathfrak{m}}$ nur $\zeta = 1$ auftritt. Demgemäß entfällt hier die primitive lineare Kongruenz (17.) zwischen den Exponenten $g_\mathfrak{p}$, so daß der diskrete Bestandteil $U^{(0)}_{\tilde{\mathfrak{m}}}$ von $U_{\tilde{\mathfrak{m}}}$ freie Exponenten f_ϱ, $g_\mathfrak{p}$ hat.

Um in diesem Falle aus der Gruppe $U_{\tilde{\mathfrak{m}}}$ die durch die schärfere Eigenschaft (7.) gekennzeichnete Untergruppe $U_\mathfrak{m}$ hervorzuheben, denke man eine Basis $\varepsilon_\varrho(\varrho = 1,\ldots,r-1)$ nebst -1 (falls $\mathfrak{m}|2$) des Einheitenstrahles mod $\mathfrak{m}$ so gewählt, daß

$$\varepsilon_\varrho^2 = \eta_\varrho \quad (\varrho = 1,\ldots, r_0), \qquad \varepsilon_\varrho = \eta_\varrho \quad (\varrho = r_0+1,\ldots, r-1)$$

eine Basis des Einheitenstrahls mod $\tilde{\mathfrak{m}}$ ist. Beschreibt man dann die Gruppe $U_{\tilde{\mathfrak{m}}}$ wie vorstehend mittels dieser letzteren Basis η_ϱ, so wird die gesuchte Untergruppe $U_\mathfrak{m}$ aus ihr durch die r_0 bzw. r_0+1 unabhängigen Forderungen

$$\begin{aligned} \hat{\varphi}_u(\varepsilon_\varrho) &= 1 \quad (\varrho = 1,\ldots, r_0), \\ \hat{\varphi}_u(-1) &= 1 \quad (\text{falls } \mathfrak{m}|2) \end{aligned}$$

hervorgehoben. Diese Forderungen bedeuten bei der Basisdarstellung (18.), (19.) von $U_{\tilde{\mathfrak{m}}}$ das Bestehen von r_0 bzw. r_0+1 unabhängigen linearen Kongruenzen

$$(22.)\quad \left\{\begin{array}{l} f_\varrho + \sum\limits_{\mathfrak{p}\ \text{komplex}} g_\mathfrak{p}\big(2\vartheta_\mathfrak{p}(\varepsilon_\varrho) - \vartheta_\mathfrak{p}(\eta_\varrho)\big) + \sum\limits_{\mathfrak{p}\ \text{reell}} g_\mathfrak{p}\cdot 2\,\vartheta_\mathfrak{p}(\varepsilon_\varrho) \equiv 0 \bmod 2 \quad (\varrho = 1,\ldots, r_0) \\ \hfill \sum\limits_{\mathfrak{p}} g_\mathfrak{p} \equiv 0 \bmod 2 \quad (\text{falls } \mathfrak{m}|2) \end{array}\right\},$$

hier zwischen allen Exponenten f_ϱ, $g_\mathfrak{p}$; und zwar sind im Hinblick auf die Bedeutung der ε_ϱ genauer die auf die reellen $\mathfrak{p}$ bezüglichen Teile der Linearformen unabhängig. Diese Kongruenzen führen — analog wie oben die jetzt entfallene Kongruenz (17.) — zu einer Reduktion des diskreten Bestandteils der bei freien Exponenten vorliegenden Gruppe auf eine Untergruppe $U_\mathfrak{m}^{(0)}$ vom Index 2^{r_0} bzw. 2^{r_0+1} mit abelscher Faktorgruppe vom Typus $(2, \ldots, 2)$, also wieder vom Rang $n-1$. Die darin enthaltene Untergruppe $V_\mathfrak{m}$ der Elemente von endlicher Ordnung besteht aus den Vorzeichencharakteren $\prod_{\mathfrak{p}\text{ reell}} (\operatorname{sgn}_\mathfrak{p})^{g_\mathfrak{p}}$ mit

$$(22'.) \qquad \left\{\begin{array}{lll} \sum_{\mathfrak{p}\text{ reell}} g_\mathfrak{p} \cdot 2\vartheta_\mathfrak{p}(\varepsilon_\varrho) & \equiv 0 \bmod 2 & (\varrho = 1, \ldots, r_0) \\ \sum_{\mathfrak{p}\text{ reell}} g_\mathfrak{p} & \equiv 0 \bmod 2 & (\text{falls } \mathfrak{m} \mid 2) \end{array}\right\}.$$

Gemäß (11.) verschärft sich dann die Isomorphie (10.) in diesem Falle zu einer direkten Zerlegung

$$(23.) \qquad G_\mathfrak{m} = X_{\tilde{\mathfrak{m}}}\, H_\mathfrak{m} \quad \text{mit } H_\mathfrak{m} \cong U_\mathfrak{m}/V_\mathfrak{m},$$

wobei der diskrete Bestandteil $U_\mathfrak{m}^{(0)}/V_\mathfrak{m}$ von $U_\mathfrak{m}/V_\mathfrak{m}$ wieder vom $(n-1)$-gliedrigen Typus $(0, \ldots, 0)$ ist. Die durch (22'.) gekennzeichneten Vorzeichencharaktere sind dabei gerade die unendlichen Bestandteile zu den Strahlklassencharakteren aus $X_\mathfrak{m}$.

Die Ergebnisse (21.), (23.) über die Struktur der Größencharaktergruppe $G_\mathfrak{m}$ — und damit auch der Idelklassencharaktergruppe $J_\mathfrak{m}$ — von K stellen in Verbindung mit der Konstruktionsvorschrift (8.), (9.) den invariant ausdrückbaren Teil der von Hecke [13] mittels eines Systems idealer Zahlen zu K in nicht-invarianter Weise gegebenen vollständigen Konstruktion der Gruppe $G_\mathfrak{m}$ dar.

7. Für die zahlentheoretischen Anwendungen sind die Argumente $|\alpha_\mathfrak{p}|$, $\dfrac{\alpha_\mathfrak{p}}{|\alpha_\mathfrak{p}|}$ aus der Basisdarstellung (12.) wegen ihrer arithmetischen (nämlich bewertungstheoretischen) Natur den Argumenten $\mathfrak{N}_u(\hat{\alpha})$, $l_\varrho(\hat{\alpha})$, $\vartheta_\mathfrak{p}(\hat{\alpha})$ aus den Basisdarstellungen (18.) und (19.), (20.) vorzuziehen, weil diese letzteren, durch die Exponentialdarstellung (14.) definierten Argumente bis auf $\mathfrak{N}_u(\hat{\alpha})$ von analytischer Natur sind und die $l_\varrho(\hat{\alpha})$ zudem auf eine nicht invariant festlegbare Basis η_ϱ des Einheitenstrahls mod $\tilde{\mathfrak{m}}$ bezogen sind. Daher soll noch der Zusammenhang zwischen den ursprünglichen Exponenten $s_\mathfrak{p}$, $g_\mathfrak{p}$ aus (12.) und den Exponenten s, $f_\mathfrak{p}$, $g_\mathfrak{p}$ aus (18.) und (19.) angegeben und damit das erhaltene Ergebnis über die Struktur der Gruppe $U_\mathfrak{m}$ in den ersteren Exponenten beschrieben werden.

Auf Grund der Transformation (14.) und (14a, b.) zwischen (12.) und (18.) ergibt sich zunächst durch Vergleich der $\mathfrak{N}_u$-Potenzen

$$ns = \sum_\mathfrak{p} s_\mathfrak{p}$$

und ferner durch Vergleich der absoluten Beträge

$$\Re(n_\mathfrak{p} s) = \Re(s_\mathfrak{p}).$$

Setzt man demgemäß

$$s_\mathfrak{p} = n_\mathfrak{p}(s + 2\pi i t_\mathfrak{p})$$

mit reellen $t_\mathfrak{p}$, die der Summenrelation

$$(24.) \qquad \sum_\mathfrak{p} n_\mathfrak{p} t_\mathfrak{p} = 0$$

genügen, so ergibt schließlich der Vergleich der Amplituden den umkehrbar eindeutigen linearen Zusammenhang

$$(25.) \qquad \sum_\mathfrak{p} n_\mathfrak{p} t_\mathfrak{p} \log|\eta_\varrho|_\mathfrak{p} = w_\varrho = f_\varrho - \sum_\mathfrak{p} g_\mathfrak{p} \vartheta_\mathfrak{p}(\eta_\varrho) \qquad (\varrho = 1, \ldots, r-1)$$

durch die Regulatormatrix $(n_\mathfrak{p} \log|\eta_\varrho|_\mathfrak{p})$, wobei w_ϱ die ganzrationalen Exponenten aus obigem Zwischenstadium (15.), (16.) zwischen (12.) und (18.) sind.

Dementsprechend ist die Gruppe $U_{\mathfrak{m}}$ in den ursprünglichen Argumenten $|\alpha_{\mathfrak{p}}|$, $\frac{\alpha_{\mathfrak{p}}}{|\alpha_{\mathfrak{p}}|}$ nebst den neuen $\mathfrak{N}_u(\alpha) = \prod_{\mathfrak{p}} |\alpha_{\mathfrak{p}}|^{n_{\mathfrak{p}}}$ gegeben durch die Darstellung

(26.) $$\hat{\varphi}_u(\hat{\alpha}) = \mathfrak{N}_u(\hat{\alpha})^s \cdot \prod_{\mathfrak{p}} |\alpha_{\mathfrak{p}}|^{2\pi i\, n_{\mathfrak{p}} t_{\mathfrak{p}}} \left(\frac{\alpha_{\mathfrak{p}}}{|\alpha_{\mathfrak{p}}|}\right)^{g_{\mathfrak{p}}}$$

mit komplexem s, reellen $t_{\mathfrak{p}}$, ganzrationalen $g_{\mathfrak{p}}$, wobei die reellen $t_{\mathfrak{p}}$ durch das lineare Gleichungssystem (24.), (25.) auf eine diskrete Gruppe in den ganzrationalen f_{ϱ}, $g_{\mathfrak{p}}$ eingeschränkt sind, sowie ferner für $r_1 = 0$ die $g_{\mathfrak{p}}$ der primitiven linearen Kongruenz (17.), für $r_1 > 0$ die f_{ϱ}, $g_{\mathfrak{p}}$ den unabhängigen linearen Kongruenzen (22.) genügen.

Wie aus der Konstruktionsvorschrift (8.), (9.) ohne weiteres hervorgeht, liefert der rein-kontinuierliche, durch $\mathfrak{N}_u$ erzeugte Bestandteil der Gruppe $U_{\mathfrak{m}}$ die durch den speziellen Größencharakter

$$\varphi(\mathfrak{a}) = \mathfrak{N}(\mathfrak{a})^s$$

vom Führer 1 vertretene Nebengruppe von $G_{\mathfrak{m}}$ nach $X_{\mathfrak{m}}$.

Nach Abspaltung des durch diesen speziellen Größencharakter $\mathfrak{N}$ erzeugten rein-kontinuierlichen Bestandteils aus $G_{\mathfrak{m}}$ verbleibt der dem diskreten Bestandteil $U_{\mathfrak{m}}^{(0)}$ entsprechende diskrete Bestandteil $G_{\mathfrak{m}}^{(0)}$. Die Kennzeichnung $s = 0$ von $U_{\mathfrak{m}}^{(0)}$ in $U_{\mathfrak{m}}$ drückt sich im Wertvorrat der unendlichen Bestandteile $\hat{\varphi}_u$ unter Beachtung der Summenrelation (24.) durch die Homogenitätseigenschaft

$$\hat{\varphi}_u(t\hat{\alpha}) = \hat{\varphi}_u(\hat{\alpha}) \quad \text{für rationale } t \equiv 1 \bmod p_{\infty}$$

aus. Mittels (8.), (9.) folgt daraus für $G_{\mathfrak{m}}^{(0)}$ in $G_{\mathfrak{m}}$ die entsprechende Kennzeichnung

$$\varphi(t\mathfrak{a}) = \varphi(\mathfrak{a}) \quad \text{für rationale } t \equiv 1 \bmod \tilde{\mathfrak{m}}.$$

Größencharaktere mit dieser Homogenitätseigenschaft seien *reduziert* genannt. Jeder Größencharakter φ besitzt dann eine eindeutige Darstellung

(27.) $$\varphi = \mathfrak{N}^s \lambda$$

mit komplexem s und einem reduzierten Größencharakter λ, wobei der Führer $\mathfrak{f}$ von φ auch der Führer von λ ist. Für reduzierte Größencharaktere λ ist nach (26.) und (8.), (9.) sicher

$$|\lambda(\mathfrak{a})| = 1.$$

Diese Betragseigenschaft reicht aber zur Kennzeichnung der reduzierten Größencharaktere λ nicht aus, da auch allgemeiner $|\varphi(\mathfrak{a})| = 1$ ist, wenn der komplexe Parameter s in (27.) rein-imaginär ist. Sofern dieser Parameter s reell ist, kann jedoch statt (27.) auch

(27'.) $$\varphi = |\varphi|^s \lambda$$

gesetzt werden.

Die Heckeschen L-Funktionen

$$L_K(s|\lambda) = \sum_{(\mathfrak{g},\mathfrak{f})=1} \frac{\lambda(\mathfrak{g})}{\mathfrak{N}(\mathfrak{g})^s}$$

werden mit den reduzierten Größencharakteren λ gebildet. Das reicht aus, weil die entsprechende Bildung mit nicht-reduziertem $\varphi = \mathfrak{N}^{s_0}\lambda$ nur die Parallelverschiebung $s \to s - s_0$ im Argument bedeutet.

§ 10. Nachweis der Größencharaktereigenschaft nach Weil

1. Es soll jetzt das im § 8, 4 angekündigte Ergebnis von WEIL [25] genauer formuliert und bewiesen werden. Dazu sei zunächst folgendes bemerkt.

Zu betrachten ist ein Charakter $\chi \neq 1$ von der Ordnung m der Galoisgruppe von $R(\sqrt[m]{t}, \sqrt[m]{1-t})$ über $R = \mathsf{K}(t)$, gemäß § 7, 4 gekennzeichnet durch ein primitives Exponentenpaar $\mu \neq 0 \bmod m$. Da es für $m = 1, 2$ kein solches Exponentenpaar gibt, ist notwendig $m > 2$. Daher ist der Körper Z der m-ten Einheitswurzeln total-komplex und ebenso dann auch der ihn enthaltende Grundkörper K.

Die Zerlegungsgruppe für die unendlichen Primstellen von Z wird erzeugt durch den festen Automorphismus Z der Ordnung 2 von Z mit der Wirkung

$$\zeta^Z = \zeta^{-1}$$

auf die m-ten Einheitswurzeln. Ein Vertretersystem der Galoisgruppe von Z nach dieser Zerlegungsgruppe erhält man dann in Gestalt der Automorphismen J mit

$$\zeta^{J^{-1}} = \zeta^j,$$

wo j ein primes Halbsystem mod m, also ein System derart durchläuft, daß die $\pm j$ ein volles primes Restsystem mod m bilden. Die Summation oder Produktbildung über ein solches Vertretersystem, auf dessen Auswahl es nicht ankommen wird, sei im folgenden mit $\sum\limits_J^*$ bzw. $\prod\limits_J^*$ bezeichnet. Die Zerlegung in Z der rationalen unendlichen Primstelle p_∞ lautet dann

$$p_\infty = \prod_J{}^* \mathfrak{p}_\infty^J,$$

wo $\mathfrak{p}_\infty$ eine feste unendliche Primstelle von Z ist.

Im folgenden sei für Z eine feste isomorphe Darstellung durch komplexe Zahlen zugrundegelegt, was auf die Auswahl einer festen unendlichen Primstelle $\mathfrak{p}_\infty$ und eines festen der beiden ihr zugeordneten Isomorphismen in den komplexen Zahlkörper hinausläuft. Die Anwendung eines Vertretersystems J der angegebenen Art auf eine Zahl α aus Z liefert dann die den unendlichen Primstellen $\mathfrak{p}_\infty^J$ zugeordneten Komponenten im Sinne von § 9, 1 als das konjugierte Halbsystem α^J, aus dem durch Hinzunahme der konjugiert-komplexen $\overline{\alpha}^J = \alpha^{ZJ} = \alpha^{JZ}$ das volle Konjugiertensystem entsteht.

Im Erweiterungskörper K sind die unendlichen Primstellen $\mathfrak{p}_\infty^J$ von Z sämtlich vollzerlegt. Demgemäß erhält man die den unendlichen Primstellen $\mathfrak{p} \mid \mathfrak{p}_\infty$ zugeordneten Komponenten einer Zahl α aus K als das System ihrer relativ-konjugierten in bezug auf Z und dann die den unendlichen Primstellen $\mathfrak{p} \mid \mathfrak{p}_\infty^J$ zugeordneten Komponenten jeweils durch Anwendung von J.

Im folgenden wird wiederholt benutzt werden, daß in dem total-komplexen Zahlkörper Z gemäß

$$\prod_J \alpha^J = \prod_J{}^* \alpha^J \alpha^{JZ} = \prod_J{}^* |\alpha^J|^2 = \mathfrak{N}(\alpha)$$

die Zahlnorm und Absolutnorm zusammenfallen, und ebenso auch in dem Erweiterungskörper K gemäß

$$\prod_J N(\alpha)^J = \mathfrak{N}(\alpha),$$

wo N die Relativnorm in bezug auf Z bedeutet.

2. Es werde nunmehr der dem Charakter $\chi \neq 1$ über $\mathsf{K}(t)$ von der Ordnung m mit dem primitiven Exponentenpaar $\mu \neq 0 \bmod m$ nach § 8, 3, (9.) zugeordnete zu m prime Divisorcharakter $\omega(\chi)$ in K betrachtet.

Auf der Gruppe der zu m primen Hauptdivisoren $\mathfrak{a} \cong \alpha$ von K wird durch ihn vermöge des Ansatzes

(1.) $$\omega(\chi|\alpha) = \omega_0(\chi|\alpha)\, N(\alpha)^{\sum_J d(-j\mu)J}$$

ein zu m primer Zahlcharakter $\omega_0(\chi)$ in K mit Werten aus Z geliefert, der den Regeln § 8, 3, (10.)—(13.) entsprechend die folgenden arithmetischen Eigenschaften hat:

(2.)	*Betragregel*	$\|\omega_0(\chi\|\alpha)\|^2 = 1,$
(3.)	*Primzerlegung*	$\omega_0(\chi\|\alpha) \cong 1,$
(4.)	*Automorphieverhalten*	$\omega_0(\chi\|\alpha)^{J-1} = \omega_0(\chi^j\|\alpha),$
(5.)	*Reduktionsregel*	$\omega_0(\chi\|\alpha) = \omega_0(\eta\|N(\alpha)).$

Die Richtigkeit von (3.), (4.), (5.) erkennt man ohne weiteres aus § 8, 3, (11.), (12.), (13.) und der Form der $N(\alpha)$-Potenz in (1.). Zur Bestätigung von (2.) beachte man, daß die bei § 8, 2, (6.) definierten Übertragungszahlen $d(x)$ die Spiegelungseigenschaft

(6.) $$d(x) + d(-x) = 1 \text{ für } x \not\equiv 0 \bmod m$$

haben. Danach wird

$$\Big(\sum_J d(-j\mu)J\Big)(1+Z) = \sum_J \big(d(-j\mu)J + d(-j\mu)JZ\big) = \sum_J \big(d(-j\mu)J + d(j\mu)J\big) = \sum_J J,$$

und somit

$$\Big|N(\alpha)^{\sum_J d(-j\mu)J}\Big|^2 = N(\alpha)^{\sum_J J} = \mathfrak{N}(\alpha).$$

Hieraus ergibt sich (2.) nach § 8, 3, (10.).

Nach (3.) sind die Werte $\omega_0(\chi|\alpha)$ aus Z Einheiten und nach (2.), (4.) sogar Einheitswurzeln, also von der Form

(7.) $$\omega_0(\chi|\alpha) = \begin{Bmatrix} \pm\zeta(\chi) \text{ für ungerades } m \\ \zeta(\chi) \text{ für gerades } m \end{Bmatrix} \text{ mit } \zeta(\chi)^m = 1.$$

Die $N(\alpha)$-Potenz in (1.) läßt sich durch Reduktion der Summation im Exponenten von der vollen Galoisgruppe von Z auf ein Halbsystem der in 1 angegebenen Art folgendermaßen umformen. Unter Beachtung der Spiegelungseigenschaft (6.) hat man ähnlich wie vorher

$$\begin{aligned}\sum_J d(-j\mu)J &= \sum_J{}^{*} \big(d(-j\mu)J + d(j\mu)JZ\big)\\ &= \sum_J{}^{*} \big((1-d(j\mu))J + d(j\mu)JZ\big)\\ &= \sum_J{}^{*} \big((1-2d(j\mu))J + d(j\mu)J(1+Z)\big).\end{aligned}$$

Danach wird zunächst

$$N(\alpha)^{\sum_J d(-j\mu)J} = \prod_J{}^{*} (N(\alpha)^J)^{1-2d(j\mu)}\, |N(\alpha)^J|^{2d(j\mu)}$$

und unter Beachtung von

$$\prod_J{}^{*} N(\alpha)^J = \mathfrak{N}(\alpha)^{\frac{1}{2}}$$

weiter

$$N(\alpha)^{\sum_J d(-j\mu)J} = \mathfrak{N}(\alpha)^{\frac{1}{2}} \prod_J{}^{*} \left(\frac{N(\alpha)^J}{|N(\alpha)^J|}\right)^{1-2d(j\mu)}.$$

Da die Übertragungszahlen nur die beiden Werte $d(x) = 0$ oder 1 haben und dementsprechend $1 - 2\,d(x) = 1$ oder -1 ist, kann dies schließlich auch in der Form

$$(8.) \qquad N(\alpha)_J^{\Sigma d(-j\mu)J} = \mathfrak{N}(\alpha)^{\frac{1}{2}} \prod_J{}^{*} \left(\frac{N(\alpha)^J}{|N(\alpha)^J|}\right)^{(-1)^{d(j\mu)}}$$

ausgedrückt werden.

Hiernach und nach dem in 1 über die Bildung der unendlichen Komponenten in K Gesagten ist die in (1.) auftretende $N(\alpha)$-Potenz ein unendlicher Idelcharakterbestandteil in K mit den Exponenten

$$(9.) \qquad s = \frac{1}{2}, \quad t_{\mathfrak{p}} = 0, \quad g_{\mathfrak{p}} = (-1)^{d(j\mu)} \quad \text{für } \mathfrak{p} \mid \mathfrak{p}_\infty^J$$

im Sinne von § 9, 7, (26.).

WEIL hat nun bewiesen, daß der in (1.) auftretende zu m prime Zahlcharakter $\omega_0(\chi)$ in K die Eigenschaft

$$(10.) \qquad \omega_0(\chi \mid \alpha) = 1 \quad \text{für} \quad \alpha \equiv 1 \bmod m^2$$

hat, d. h. ein Charakter der primen Restklassengruppe mod m^2 in K ist. Für den zu m primen Divisorcharakter $\omega(\chi)$ in K bedeutet dieses Ergebnis nach (8.) gemäß der Definition § 9, 4, (5.), daß er ein Größencharakter mod m^2 mit den Exponenten (9.) ist.

Damit präzisiert sich das Ergebnis von WEIL [25] folgendermaßen:

Satz von WEIL. *Der dem Charakter $\chi \not\sim 1$ über $K(t)$ von der Ordnung m mit dem primitiven Exponentenpaar $\mu \not\sim 0$ mod m durch die Festsetzung*

$$\omega(\chi \mid \mathfrak{a}) = \prod_{\mathfrak{p} \nmid m} \omega(\chi \mid \mathfrak{p})^{w_{\mathfrak{p}}(\mathfrak{a})} \quad \textit{für} \quad \mathfrak{a} = \prod_{\mathfrak{p} \nmid m} \mathfrak{p}^{w_{\mathfrak{p}}(\mathfrak{a})}$$

zugeordnete zu m prime Divisorcharakter $\omega(\chi)$ in K ist ein Größencharakter mod m^2 *mit dem unendlichen Bestandteil*

$$N(\alpha)_J^{\Sigma d(-j\mu)J} = \mathfrak{N}(\alpha)^{\frac{1}{2}} \prod_J{}^{*} \left(\frac{N(\alpha)^J}{|N(\alpha)^J|}\right)^{(-1)^{d(j\mu)}}.$$

Der in § 8, 4, (14.) aus $\omega(\chi)$ gebildete zu m prime Divisorcharakter $\lambda(\chi) = \dfrac{\omega(\chi)}{\sqrt{\mathfrak{N}}}$ ist dann gemäß § 9, 7, (27.) der zugeordnete reduzierte Größencharakter, und die in § 8, 4, (15.) rechts auftretende Bildung $L_K\left(s - \frac{1}{2} \,\middle|\, \lambda(\chi)\right)$ ist die ihm (bei Erklärung mod m^2) zugeordnete Heckesche L-Funktion.

Der in (1.) auftretende zu m prime Zahlcharakter $\omega_0(\chi)$ in K ist ferner derjenige Kongruenzcharakter mod m^2, der aus dem $\omega(\chi)$ gemäß § 9, 4, Satz 3 zugeordneten Idelklassencharakter $\hat{\varphi}$ als der Bestandteil φ_0 bei der (mit $\mathfrak{m} \cong m^2$ gebildeten) Zerlegung § 9, 3, (2.) entsteht. Wie nach den dortigen Ausführungen klar ist, gilt daher:

Zusatz. *Der in m^2 aufgehende Führer $\mathfrak{f}(\chi)$ von $\omega(\chi)$ ist auch als der Führer des Charakters $\omega_0(\chi)$ der primen Restklassengruppe* mod m^2 *gekennzeichnet.*

Nur wenn dieser Führer $\mathfrak{f}(\chi)$ jeden Primdivisor von m in K enthält, ist $L_K\left(s - \frac{1}{2} \,\middle|\, \lambda(\chi)\right)$ in § 8, 4, (15.) eine eigentliche Heckesche L-Funktion.

Der Größencharakter $\omega(\chi)$ in K ist auf Grund der Reduktionsregel § 8, 3, (13.) durch Einsetzen von Relativnormen als Argumentdivisoren aus dem Größencharakter $\omega(\eta)$ in Z abgeleitet. Entsprechend hängen dann auch die zugeordneten reduzierten Größencharaktere $\lambda(\chi) = \frac{\omega(\chi)}{\sqrt{\mathfrak{N}}}$ in K und $\lambda(\eta) = \frac{\omega(\eta)}{\sqrt{\mathfrak{N}}}$ in Z zusammen. Die Heckesche L-Funktion $L_K\left(s-\frac{1}{2}\,\middle|\,\lambda(\chi)\right)$ entsteht demgemäß aus der Heckeschen L-Funktion $L_Z\left(s-\frac{1}{2}\,\middle|\,\lambda(\eta)\right)$, indem man in der Dirichletschen Reihendarstellung die ganzen Divisoren von Z durch die Relativnormen der ganzen Divisoren von K und in der Eulerschen Produktdarstellung die Primdivisoren von Z durch die Relativnormen der Primdivisoren von K ersetzt.

3. Zum Beweis des Satzes von Weil ist nach dem Gesagten zu zeigen, daß der durch den Ansatz (1.) definierte zu m prime Zahlcharakter $\omega_0(\chi)$ in K die Eigenschaft (10.) hat. Auf Grund der Reduktionsregel (5.), und weil aus $\alpha \equiv 1 \bmod m^2$ auch $N(\alpha) \equiv 1 \bmod m^2$ folgt, kann dabei vorausgesetzt werden, daß $K = Z$ ist. Der Ansatz (1.) lautet dann einfacher

(11.) $$\omega(\chi\,|\,\alpha) = \omega_0(\chi\,|\,\alpha)\,\alpha^{\frac{\Sigma\, d(-j\mu)J}{J}}$$

Von der bereits festgestellten Eigenschaft (7.) des Charakters $\omega_0(\chi)$ wird in dem Weilschen Beweis kein Gebrauch gemacht. Es wird vielmehr folgendermaßen vorgegangen.

Im Gegensatz zu der obigen Formulierung der Behauptung (10.), bei der χ fest und α variabel gedacht ist, betrachtet man die Bildung $\omega(\chi\,|\,\alpha)$ für eine f e s t e, ohne Einschränkung ganze Zahl

$$\alpha \equiv 1 \bmod m^2$$

aus Z und läßt χ a l l e Charaktere der Galoisgruppe von $R\,(\sqrt[m]{t}, \sqrt[m]{1-t})$ über $R = Z(t)$ durchlaufen. Gemäß § 7, 4 ist die Gesamtheit dieser Charaktere χ durch ein volles Restsystem von Exponentenpaaren $\mu \equiv (\mu_1, \mu_2) \bmod m$ gekennzeichnet. Im Argument von ω werde dementsprechend χ durch μ ersetzt. Die gemäß § 6, 5, (13.) den zu betrachtenden Charakteren χ für die Primdivisoren $\mathfrak{p} \nmid m$ von Z zugeordneten Jacobischen Summen

$$\omega(\chi\,|\,\mathfrak{p}) = -\sum_{\xi_1+\xi_2 \equiv 1 \bmod \mathfrak{p}} \psi_{1\mathfrak{p}}(\xi_1)\,\psi_{2\mathfrak{p}}(\xi_2) \qquad \left\{\begin{array}{l}\chi \equiv \chi_\mathfrak{p} \bmod \mathfrak{p} \\ \chi \longleftrightarrow (\psi_{1\mathfrak{p}}, \psi_{2\mathfrak{p}})\end{array}\right\}$$

stellen sich dann unter Beachtung von § 6, 3, (9.), (10.) in der Form

(12.) $$\omega(\mu\,|\,\mathfrak{p}) = -\sum_{\tau \bmod \mathfrak{p}}{}' \left(\frac{\tau}{\mathfrak{p}}\right)_m^{\mu_1} \left(\frac{1-\tau}{\mathfrak{p}}\right)_m^{\mu_2}$$

dar, wo durch $\sum'$ statt $\sum$ folgende gegenüber der bisherigen abweichende Auffassungsweise angedeutet ist.

Für die in §§ 6, 7 entwickelten Aufspaltungen in L-Funktionen war es sinngemäß, die Summation in (12.) über ein volles Restsystem $\tau \bmod \mathfrak{p}$ in K (einschl. ∞, mit den Festsetzungen § 6, 3, (12.), (12'.) hinsichtlich der Restklassen $0, \infty \bmod \mathfrak{p}$) zu erstrecken, weil dann für Charaktere $\chi \sim 1$ (mit $\chi \neq 1$), im Einklang mit dem Verhalten § 6, 2, (4.) der Kongruenz-L-Funktionen, der Summenwert $\omega(\chi\,|\,\mathfrak{p}) = 0$ wird. Für den hier zu gebenden Beweis und auch für die anschließenden Untersuchungen ist es dagegen zweckmäßig, bei der Summation in (12.) die Restklassen $\tau \equiv 0, 1, \infty \bmod \mathfrak{p}$ auszuschließen, was durch die Schreibweise $\sum'$ zum Ausdruck gebracht werden soll. Es läuft das darauf hinaus, daß man die Kongruenzcharaktere $\chi_\mathfrak{p}$ in $R_\mathfrak{p} = K_\mathfrak{p}(t)$ aus § 6, 2 statt nach ihrem jeweiligen Führer $1, \mathfrak{U}_{1\mathfrak{p}}\,\mathfrak{U}_{0\mathfrak{p}}, \mathfrak{U}_{2\mathfrak{p}}\,\mathfrak{U}_{0\mathfrak{p}}, \mathfrak{U}_{1\mathfrak{p}}\,\mathfrak{U}_{2\mathfrak{p}}$ nur nach dem kleinsten gemeinsamen Vielfachen $\mathfrak{U}_{1\mathfrak{p}}\,\mathfrak{U}_{2\mathfrak{p}}\,\mathfrak{U}_{0\mathfrak{p}}$, dem Führer des Körpers $R_\mathfrak{p}\,(\sqrt[m]{t}, \sqrt[m]{1-t})$, als Erklärungsmodul betrachtet, so daß man es statt der dortigen eigentlichen mit uneigentlichen Kongruenz-L-Funktionen zu tun hat.

Für die nicht-trivialen Charaktere $\chi \nsim 1$, mit $\mu \not\equiv 0 \bmod m$, macht diese Summationsbeschränkung in (12.) keinen Unterschied. Der Ansatz (11.) für sie lautet jetzt

(13.) $$\omega(\mu\,|\,\alpha) = \omega_0(\mu\,|\,\alpha)\,\alpha^{\frac{\Sigma\, d(j\mu)J}{J}} \qquad \text{für } \mu \not\equiv 0 \bmod m.$$

Für die zur Ergänzung heranzuziehenden trivialen Charaktere $\chi \sim 1$, mit $\mu \sim 0 \bmod m$, hat man dagegen bei der jetzigen Auffassung

$$\omega(\mu|\mathfrak{p}) = \begin{cases} -(\mathfrak{N}(\mathfrak{p})-2) = 1-(\mathfrak{N}(\mathfrak{p})-1) & \text{für } \mu \equiv 0 \bmod m \\ 1 \quad \text{für } \mu \not\equiv 0,\ \mu \sim 0 \bmod m \text{ mit } \mu_1 \equiv 0 \text{ oder } \mu_2 \equiv 0 \bmod m & \\ \left(\frac{-1}{\mathfrak{p}}\right)_m^{\mu_1} \quad \text{für } \mu \not\equiv 0,\ \mu \nsim 0 \bmod m \text{ mit } \mu_1+\mu_2 \equiv 0 \bmod m & \end{cases}. \tag{14.}$$

Anders als bei der Auffassung aus §§ 6, 7 ist also hier durchweg $\omega(\mu \mid \mathfrak{p}) \neq 0$. Durch das Zusammensetzungsschema § 8, 3, (9.) werden daher jetzt auch für die $\mu \sim 0 \bmod m$ zu m prime Divisorcharaktere $\omega(\mu)$ in Z geliefert.

Über die Werte der Divisorcharaktere $\omega(\mu)$ mit $\mu \nsim 0$ oder $\mu \sim 0 \bmod m$ für eine Zahl $\alpha \equiv 1 \bmod m^2$ aus Z ergeben sich aus (13.) bzw. (14.) folgende Tatsachen:

$$\omega(\mu|\alpha) \begin{cases} \equiv \omega_0(\mu|\alpha) \bmod m^2 & \text{für } \mu \nsim 0 \bmod m \\ \equiv 1 \bmod m^2 & \text{für } \mu \equiv 0 \bmod m \\ = 1 & \text{für } \mu \not\equiv 0, \mu \sim 0 \bmod m \end{cases}. \tag{15.}$$

Für $\mu \nsim 0 \bmod m$ ist das nach (13.) klar, weil mit $\alpha \equiv 1 \bmod m^2$ auch $\alpha^J \equiv 1 \bmod m^2$ für alle Automorphismen J von Z ist. Für $\mu \equiv 0 \bmod m$ hat man unter Beachtung von $\mathfrak{N}(\mathfrak{p}) \equiv 1 \bmod m$ nach (14.) einerseits

$$\omega(\mu|\alpha) = \prod_{\mathfrak{p}} \left(1-(\mathfrak{N}(\mathfrak{p})-1)\right)^{w_{\mathfrak{p}}(\alpha)} \equiv 1-\sum_{\mathfrak{p}} w_{\mathfrak{p}}(\alpha)\,(\mathfrak{N}(\mathfrak{p})-1) \bmod m^2,$$

während andererseits

$$\mathfrak{N}(\alpha) = \prod_{\mathfrak{p}} \mathfrak{N}(\mathfrak{p})^{w_{\mathfrak{p}}(\alpha)} = \prod_{\mathfrak{p}} \left(1+(\mathfrak{N}(\mathfrak{p})-1)\right)^{w_{\mathfrak{p}}(\alpha)} \equiv 1+\sum_{\mathfrak{p}} w_{\mathfrak{p}}(\alpha)\left(\mathfrak{N}(\mathfrak{p})-1\right) \bmod m^2$$

und nach Voraussetzung $\mathfrak{N}(\alpha) \equiv 1 \bmod m^2$ ist; durch Vergleich folgt daraus die Behauptung. Für $\mu \not\equiv 0$, $\mu \sim 0 \bmod m$ ist die Behauptung nach (14.) im Falle $\mu_1 \equiv 0$ oder $\mu_2 \equiv 0 \bmod m$ klar; im Falle $\mu_1 + \mu_2 \equiv 0 \bmod m$ erhält man nach (14.) zunächst

$$\omega(\mu|\alpha) = \prod_{\mathfrak{p}} \left(\frac{-1}{\mathfrak{p}}\right)_m^{\mu_1 w_{\mathfrak{p}}(\alpha)} = \left(\frac{-1}{\alpha}\right)_m^{\mu_1},$$

und dieser Wert ist, wie behauptet, gleich 1, nämlich für ungerades m trivialerweise und für gerades m, weil dann bekanntlich

$$\left(\frac{-1}{\alpha}\right)_m = (-1)^{\frac{\mathfrak{N}(\alpha)-1}{m}}$$

gilt und $\mathfrak{N}(\alpha) \equiv 1 \bmod m^2$ ist.

Ergänzt man die Definition (13.) der $\omega_0(\mu|\alpha)$ für $\mu \sim 0 \bmod m$ durch die Festsetzung

$$\omega_0(\mu|\alpha) = 1 \qquad \text{für } \mu \sim 0 \bmod m, \tag{13.'}$$

so besteht nach (15.) die Kongruenz

$$\omega(\mu|\alpha) \equiv \omega_0(\mu|\alpha) \bmod m^2 \qquad \text{für alle } \mu \bmod m. \tag{16.}$$

Dabei ist, wie gesagt, als Argument eine feste Zahl $\alpha \equiv 1 \bmod m^2$ aus Z vorausgesetzt, die für das jetzt durchzuführende Schlußverfahren ganz sein soll.

Um die Behauptung (10.) des Weilschen Satzes, also jetzt

(17.) $$\omega_0(\mu|\alpha) = 1 \quad \text{für } \mu \nsim 0 \bmod m$$

zu beweisen, stelle man die Jacobischen Summen (12.) zu den Exponentenpaaren μ mod m mittels einer primitiven m-ten Einheitswurzel ζ in der Form

$$\omega(\mu|\mathfrak{p}) = \sum_{\nu \bmod m} A(\nu|\mathfrak{p})\,\zeta^{\mu\nu}$$

dar, wo $\mu\nu \equiv \mu_1\nu_1 + \mu_2\nu_2 \bmod m$ gesetzt ist und $A(\nu|\mathfrak{p})$ die negative Anzahl der Lösungen $\tau \not\equiv 0, 1, \infty$ mod. $\mathfrak{p}$ von

$$\left(\frac{\tau}{\mathfrak{p}}\right)_m = \zeta^{\nu_1}, \quad \left(\frac{1-\tau}{\mathfrak{p}}\right)_m = \zeta^{\nu_2}$$

bedeutet. Daraus folgt für jeden ganzen zu m primen Divisor $\mathfrak{a}$ von Z durch formale Ausmultiplikation eine entsprechende Darstellung

$$\omega(\mu|\mathfrak{a}) = \sum_{\nu \bmod m} A(\nu|\mathfrak{a})\,\zeta^{\mu\nu}$$

mit ganzrationalen Koeffizienten $A(\nu|\mathfrak{a})$. Diese sind durch die $\omega(\mu|\mathfrak{a})$ auf Grund der Auflösungsformel

$$A(\nu|\mathfrak{a}) = \frac{1}{m^2}\sum_{\mu \bmod m} \omega(\mu|\mathfrak{a})\,\zeta^{-\mu\nu}$$

eindeutig bestimmt, und zwischen den Quadratsummen der $A(\nu|\mathfrak{a})$ und $\omega(\mu|\mathfrak{a})$ besteht die Beziehung

$$\sum_{\nu \bmod m} A(\nu|\mathfrak{a})^2 = \frac{1}{m^2}\sum_{\mu \bmod m} |\omega(\mu|\mathfrak{a})|^2.$$

Denkt man diesen Formalismus für die zu betrachtende ganze Zahl $\alpha \equiv 1 \bmod m^2$ als Argument $\mathfrak{a}$ angesetzt und ersetzt dann in ihm gemäß (16.) die $\omega(\mu|\mathfrak{a})$ durch die ihnen mod m^2 kongruenten $\omega_0(\mu|\alpha)$, so erhält man Zahlen

$$A_0(\nu|\alpha) = \frac{1}{m^2}\sum_{\mu \bmod m} \omega_0(\mu|\alpha)\,\zeta^{-\mu\nu}$$

aus K mit

$$A_0(\nu|\alpha) \equiv A(\nu|\alpha) \equiv 0 \bmod^+ 1, \quad \text{also } A_0(\nu|\alpha) \text{ ganz,}$$

und unter Beachtung des Automorphieverhaltens (4.), das nach (13'.) trivialerweise auch für die $\mu \sim 0$ mod m gilt, ferner

$$A_0(\nu|\alpha)^{J^{-1}} = \frac{1}{m^2}\sum_{\mu \bmod m} \omega_0 j(\mu|\alpha)\,\zeta^{-j\mu\nu} = A_0(\nu|\alpha), \quad \text{also } A_0(\nu|\alpha) \text{ rational.}$$

Mit diesen somit wieder ganzrationalen Koeffizienten $A_0(\nu|\alpha)$ hat man dann umgekehrt die Darstellung

$$\omega_0(\mu|\alpha) = \sum_{\nu \bmod m} A_0(\nu|\alpha)\,\zeta^{\mu\nu},$$

sowie wieder die Quadratsummenbeziehung

$$\sum_{\nu \bmod m} A_0(\nu|\alpha)^2 = \frac{1}{m^2}\sum_{\mu \bmod m} |\omega_0(\mu|\alpha)|^2.$$

Nun sind alle $|\omega_0(\mu|\alpha)|^2 = 1$, für $\mu \nsim 0 \bmod m$ nach der Betragregel (2.), für $\mu \sim 0$ mod m auf Grund der Definition (13'.). Daher folgt

$$\sum_{\nu \bmod m} A_0(\nu|\alpha)^2 = 1.$$

Mithin ist genau ein $A_0(\nu|\alpha) = \pm 1$, während alle übrigen $A_0(\nu'|\alpha) = 0$ sind. Demnach hat man

(18.) $$\omega_0(\mu|\alpha) = (-1)^{\nu}\zeta^{\mu\nu}$$

mit festen, d. h. von μ mod m unabhängigen Exponenten ν mod 2 und ν mod m. Es ist das eine Verschärfung der oben bereits festgestellten Eigenschaft (7.); dort konnte über die Art der Abhängigkeit des Einheitswurzelwertes $\omega_0(\chi|\alpha)$ von χ nichts gesagt werden.

Die Exponenten ν mod 2 und ν mod m in (18.) bestimmen sich durch Einsetzen der speziellen, trivialen Exponentenpaare

$$\mu' \equiv (1,0), \quad \mu'' \equiv (0,1), \quad \mu''' \equiv (1,-1) \bmod m$$

für die nach (13'.) die ω_0-Werte gleich 1 sind.

Für ungerades m folgt aus $\omega_0(\mu') = 1$, $\omega_0(\mu'') = 1$, daß $\nu \equiv 0$ mod 2 und $\nu \equiv 0$ mod m ist.

Für gerades m folgt entsprechend zunächst nur $\nu \equiv 0$ mod $\frac{m}{2}$, so daß (18.) in neuer Bezeichnung zu

$$\omega_0(\mu|\alpha) = (-1)^{\nu+\mu\nu}$$

mit festen ν mod 2 und ν mod 2 wird, und hieraus dann durch Hinzunahme von auch $\omega_0(\mu''') = 1$ weiter $\nu \equiv 0$ und $\nu \equiv 0$ mod 2.

So ergibt sich in jedem Falle die Behauptung (17.) des Weilschen Satzes.

§ 11. Über den Führer des Größencharakters

1. Im Anschluß an den Satz von Weil aus § 10, 2 entsteht die Aufgabe der Bestimmung des Führers $\mathfrak{f}(\chi)$ des Größencharakters $\omega(\chi)$ in K, der nach dem dortigen Zusatz auch als der Führer des gemäß § 10, 1, (1.) zugeordneten Zahlcharakters $\omega_0(\chi)$ in K gekennzeichnet ist.

Diese Aufgabe erweist sich als sehr schwierig. Es ist mir bisher nicht gelungen, wesentlich über die bereits von Weil [25] ohne Beweis mitgeteilten speziellen Ergebnisse für einen Primzahlexponenten $m = l \neq 2$ und den Exponenten $m = 2^2$ im Falle des Grundkörpers $\mathsf{K} = \mathsf{Z}$ der m-ten Einheitswurzeln hinauszukommen.

Im folgenden sollen die auf diese Spezialfälle bezüglichen Weilschen Angaben bewiesen sowie in einigen Punkten ergänzt bzw. berichtigt werden. Darüber hinaus soll allgemeiner für Primzahlpotenzexponenten $m = l^{\nu}$ mit $l \neq 2$, wieder im Falle $\mathsf{K} = \mathsf{Z}$, jedenfalls eine nicht-triviale untere Abschätzung des Führers $\mathfrak{f}(\chi)$ gegeben werden, aus der hervorgeht, daß es sich unter diesen Voraussetzungen in dem Hauptergebnis § 8, 4, (15.) um eine eigentliche Heckesche L-Funktion $L_{\mathsf{K}}\left(s - \frac{1}{2} \middle| \lambda(\chi)\right)$ handelt.

Diese Beweise stützen sich auf eine genauere Untersuchung der Kongruenzwerte einer Jacobischen Summe $\omega(\chi\,|\,\mathfrak{p})$ nach Potenzen des Primdivisors von l in Z als Moduln. Insbesondere ergibt sich so in den Spezialfällen $m = l \neq 2$ und $m = 2^2$ ein anderer Beweis für den Satz von Weil, bei dem die grob-überschlägige Methode aus § 10, 3 der quadratischen Mittelbildung über alle Charaktere χ vom Exponenten m durch die feinere Einzelbetrachtung eines festen Charakters χ der Ordnung m ersetzt ist.

Hinsichtlich der Spezialisierung auf den Grundkörper $\mathsf{K} = \mathsf{Z}$ der m-ten Einheitswurzeln sei im Anschluß an das bereits am Schluß von § 10, 2 Gesagte folgendes bemerkt. Für einen beliebigen Erweiterungskörper K von Z ist der Führer $\mathfrak{f}(\chi)$ von $\omega(\chi)$ nach der Reduktionsregel § 8, 3, (13.), jedenfalls ein Teiler des Führers $\mathfrak{f}(\eta)$ von $\omega(\eta)$. Ist die Aufgabe in Z in dem Sinne gelöst, daß nicht nur der Führer $\mathfrak{f}(\eta)$ sondern auch der $\omega(\eta)$ zugeordnete Charakter $\omega_0(\eta)$ der primen Restklassengruppe mod $\mathfrak{f}(\eta)$ in Z explizit bestimmt ist, so kann die Bestimmung von $\mathfrak{f}(\chi)$ in K grundsätzlich nach den aus der Klassenkörpertheorie geläufigen Sätzen über die Normenreste von K/Z erfolgen. Als eigentlicher Kern der Aufgabe bleibt hiernach der Fall $\mathsf{K} = \mathsf{Z}$, der im folgenden allein behandelt wird.

2. Es werde mit der Betrachtung des Größencharakters $\omega(\chi)$ zu einem Charakter $\chi \not\sim 1$ über $\mathsf{Z}_\nu(t)$ von einer beliebigen Primzahlpotenzordnung $m = l^\nu$ begonnen, wo Z_ν den Körper der l^ν-ten Einheitswurzeln mit $\nu \geqq 1$ und für $l = 2$ sogar $\nu \geqq 2$ bedeutet. Die Werte von $\omega(\chi)$ für die Primdivisoren $\mathfrak{p} \nmid l$ von Z_ν sind die χ zugeordneten Jacobischen Summen

$$\omega(\chi|\mathfrak{p}) = \omega(\psi_\mathfrak{p}, \hat{\psi}_\mathfrak{p}) = -\sum_{\tau \bmod \mathfrak{p}}{}' \psi_\mathfrak{p}(\tau)\, \hat{\psi}_\mathfrak{p}(1-\tau). \tag{1.}$$

Dabei ist das χ für $\mathfrak{p}$ gemäß § 7, 1 und § 6, 3 zugeordnete Charakterpaar $\psi_{1\mathfrak{p}}, \psi_{2\mathfrak{p}}$ von $\mathsf{Z}_{\nu\mathfrak{p}}^\times$ hier etwas einfacher mit $\psi_\mathfrak{p}, \hat{\psi}_\mathfrak{p}$ bezeichnet. Ferner ist im Hinblick auf die auszuführenden Schlüsse die Summation wie in § 10, 3, (12.) von vornherein auf ein Restsystem $\tau \not\equiv 0, 1, \infty$ mod $\mathfrak{p}$ aus Z_ν beschränkt, so daß also als Argumente von $\psi_\mathfrak{p}, \hat{\psi}_\mathfrak{p}$ nur prime Reste mod $\mathfrak{p}$ vorkommen und demgemäß alle Glieder der Summen von 0 verschieden sind. Die im folgenden hilfsweise heranzuziehenden trivialen Jacobischen Summen $\omega(\psi_\mathfrak{p}, \hat{\psi}_\mathfrak{p})$, mit $(\psi_\mathfrak{p}, \hat{\psi}_\mathfrak{p}) \sim 1$, seien ebenfalls mit dieser Summationseinschränkung, also in dem bei § 10, 3, (12.) angegebenen, gegenüber §§ 6, 7 modifizierten Sinne verstanden. Sie haben die in § 10, 3, (14.) angegebenen Werte.

Da χ die Ordnung l^ν haben soll, hat mindestens ein Charakter des Paars $\psi_\mathfrak{p}, \hat{\psi}_\mathfrak{p}$ die Ordnung l^ν. Wegen der Symmetrie von $\omega(\psi_\mathfrak{p}, \hat{\psi}_\mathfrak{p})$ kann ohne Einschränkung vorausgesetzt werden, daß $\psi_\mathfrak{p}$ die Ordnung l^ν hat. Die Ordnung von $\hat{\psi}_\mathfrak{p}$ sei $l^{\hat{\nu}}$; wegen $\chi \not\sim 1$, also sicher $\hat{\psi}_\mathfrak{p} \neq 1$, ist dabei $1 \leqq \hat{\nu} \leqq \nu$.

Sei ζ_ν eine feste primitive l^ν-te Einheitswurzel, und seien $\zeta_{\nu'}$ die durch sie gemäß

$$\zeta_{\nu'} = \zeta_\nu^{l^{\nu-\nu'}} \qquad (\nu' = 1, \ldots, \nu)$$

festgelegten primitiven $l^{\nu'}$-ten Einheitswurzeln. Dann sind

$$\mathfrak{l}_\nu \cong 1 - \zeta_\nu, \qquad \mathfrak{l}_\nu^{l^{\nu-\nu'}} = \mathfrak{l}_{\nu'} \cong 1 - \zeta_{\nu'}$$

die jeweils einzigen Primdivisoren von l im Körper Z_ν bzw. in den Teilkörpern $\mathsf{Z}_{\nu'}$, und man hat

$$\mathfrak{l}_\nu^{l^{\nu-1}} = \mathfrak{l}_1, \qquad \mathfrak{l}_{\nu'}^{l^{\nu'-1}} = \mathfrak{l}_1, \qquad \mathfrak{l}_1^{l-1} \cong l.$$

Nach § 10, 2, (7.) sind die Werte des $\omega(\chi)$ gemäß § 10, 3, (11.) zugeordneten zu l primen Zahlcharakters $\omega_0(\chi)$ in Z_ν Einheitswurzeln vom Exponenten $2l^\nu$ für $l \neq 2$ bzw. l^ν für $l = 2$. Die niedrigste Potenz von $\mathfrak{l}_\nu$, nach der alle diese Einheitswurzeln inkongruent sind, ist $\mathfrak{l}_1\mathfrak{l}_\nu$. Zur Trennung der Werte $\omega_0(\chi|\alpha)$ für zu l prime Zahlen α aus Z_ν genügt demnach die Betrachtung der Kongruenzwerte $\omega_0(\chi|\alpha)$ mod $\mathfrak{l}_1\mathfrak{l}_\nu$, die ihrerseits vermöge der mit α bekannten Kongruenzwerte $\alpha^{J^{\Sigma d(-j\mu)J}}$ mod $\mathfrak{l}_1\mathfrak{l}_\nu$ auf die Kongruenzwerte $\omega(\chi|\mathfrak{p})$ mod $\mathfrak{l}_1\mathfrak{l}_\nu$ für Primdivisoren $\mathfrak{p} \nmid l$ von Z_ν zurücklaufen.

Die explizite Berechnung der Kongruenzwerte $\omega(\chi|\mathfrak{p})$ mod $\mathfrak{l}_1\mathfrak{l}_\nu$ stößt für $\nu > 1$ bzw. $\nu > 2$ auf große Schwierigkeiten. In einfacher Weise gelangt man nur zu den weniger scharfen Kongruenzwerten $\omega(\chi|\mathfrak{p})$ mod $\mathfrak{l}_\nu^2$, die lediglich für die Entscheidung ausreichen, ob $\omega_0(\chi|\alpha)$ eine primitive oder imprimitive l^ν-te Einheitswurzel oder für $l \neq 2$ das negative einer solchen ist.

Zunächst ist der grobe Kongruenzwert $\omega(\chi \mid \mathfrak{p}) \bmod \mathfrak{l}_\nu$ trivialerweise

$$(2_0.) \qquad \omega(\chi \mid \mathfrak{p}) \equiv 1 \bmod \mathfrak{l}_\nu,$$

weil die $\mathfrak{N}(\mathfrak{p}) - 2$ Glieder in der Summe (1.) als l^ν-te Einheitswurzeln sämtlich $\equiv 1 \bmod \mathfrak{l}_\nu$ sind und $\mathfrak{N}(\mathfrak{p}) \equiv 1 \bmod l^\nu$ ist.

Um auf den eine Stufe schärferen Kongruenzwert $\omega(\chi|\mathfrak{p}) \bmod \mathfrak{l}_\nu^2$ schließen zu können, ziehe man von $\omega(\chi|\mathfrak{p}) = \omega(\psi_\mathfrak{p}, \hat{\psi}_\mathfrak{p})$ die triviale Jacobische Summe

$$\omega(\psi_\mathfrak{p}, 1) = -\sum_{\tau \bmod \mathfrak{p}}{}' \psi(\tau) = 1$$

ab. In der so entstehenden Darstellung

$$\omega(\psi_\mathfrak{p}, \hat{\psi}_\mathfrak{p}) - 1 = -\sum_{\tau \bmod \mathfrak{p}}{}' \psi_\mathfrak{p}(\tau) \left(\hat{\psi}_\mathfrak{p}(1-\tau) - 1\right)$$

sind alle zweiten Faktoren $\hat{\psi}_\mathfrak{p}(1-\tau) - 1 \equiv 0 \bmod \mathfrak{l}_\nu$ und sogar $\bmod \mathfrak{l}_{\hat{\nu}}$. Reduziert man daher wie vorher die ersten Faktoren auf ihre Kongruenzwerte $\psi_\mathfrak{p}(\tau) \equiv 1 \bmod \mathfrak{l}_\nu$, so erhält man

$$\begin{aligned} \omega(\psi_\mathfrak{p}, \hat{\psi}_\mathfrak{p}) - 1 &\equiv -\sum_{\tau \bmod \mathfrak{p}}{}' \left(\hat{\psi}_\mathfrak{p}(1-\tau) - 1\right) \quad \bmod \mathfrak{l}_\nu \mathfrak{l}_{\hat{\nu}} \\ &\equiv \quad 1 + (\mathfrak{N}(\mathfrak{p}) - 2) \equiv 0 \bmod \mathfrak{l}_\nu \mathfrak{l}_{\hat{\nu}}. \end{aligned}$$

Damit ergibt sich der gesuchte schärfere Kongruenzwert zu

$$(2.) \qquad \omega(\chi|\mathfrak{p}) \equiv 1 \bmod \mathfrak{l}_\nu \mathfrak{l}_{\hat{\nu}},$$

im Falle $\hat{\nu} < \nu$ sogar noch etwas schärfer als zum Ziel gesetzt.

Hieraus folgt dann durch Zusammensetzung auch allgemein

$$\omega(\chi|\mathfrak{a}) \equiv 1 \bmod \mathfrak{l}_\nu \mathfrak{l}_{\hat{\nu}}$$

für zu l prime Divisoren $\mathfrak{a}$ von Z_ν und daher

$$\omega_0(\chi \mid \alpha) \equiv \alpha^{-\sum\limits_J d(-j\mu) J} \bmod \mathfrak{l}_\nu \mathfrak{l}_{\hat{\nu}}$$

für zu l prime Zahlen α aus Z_ν. Im Hinblick auf die Spiegelungseigenschaft § 10, 2, (6.) der Übertragungszahlen $d(x)$ und auf $\mathfrak{N}(\alpha) \equiv 1 \bmod l^\nu$ kann dies Ergebnis noch in die etwas einfachere Form gesetzt werden:

$$(3.) \quad \omega_0(\chi \mid \alpha) \equiv \alpha^{\sum\limits_J d(j\mu) J} \bmod \mathfrak{l}_\nu \mathfrak{l}_{\hat{\nu}}, \quad \text{also sicher} \bmod \mathfrak{l}_\nu^2, \quad \text{für zu } l \text{ prime Zahlen } \alpha \text{ aus } Z_\nu.$$

3. Speziell für zu l prime rationale Zahlen a vereinfacht sich die eben erhaltene Kongruenz (3.) zu

$$\omega_0(\chi \mid a) \equiv a^{\sum\limits_j d(j\mu)} \bmod \mathfrak{l}_\nu^2.$$

Die hier im Exponenten auftretende elementar-zahlentheoretische Summe über ein primes Restsystem $j \bmod l^\nu$ ist definitionsgemäß

$$\sum_j d(j\mu) = \sum_j \frac{r(j\mu_1) + r(j\mu_2) - r\left(j(\mu_1 + \mu_2)\right)}{l^\nu},$$

berechnet sich also im Hinblick auf die durch Paarung klare Summenformel

$$\sum_j r(j\mu) = \frac{l^\nu \varphi(l^\nu)}{2} \qquad \text{für } \mu \not\equiv 0 \bmod l^\nu,$$

zu

$$\sum d(j\mu) = \frac{1}{2}\varphi(l^\nu) \qquad \text{für } \mu \nsim 0 \bmod l^\nu,$$

wie übrigens auch aus Betragregel und Primzerlegung § 8, 3, (10.), (11.) für die speziellen Werte $\omega(\chi|a)$ abgelesen werden kann. Damit wird

$$(4.)\qquad \omega_0(\chi\,|\,a) \equiv a^{\frac{1}{2}\varphi(l^\nu)} \equiv \begin{cases} \left(\frac{a}{l}\right)_2 \bmod \mathfrak{l}_\nu^2 & \text{für } l \neq 2 \\ 1 \bmod \mathfrak{l}_\nu^2 & \text{für } l = 2 \end{cases},$$

wo $\left(\frac{a}{l}\right)_2$ das 2-te Potenzrestsymbol im rationalen Zahlkörper P bedeutet.

Im Falle $l \neq 2$ ist hiernach sicher der Charakter $\omega_0(\chi) \neq 1$. Damit ist bewiesen:

Satz 1. *Für jeden Charakter $\chi \neq 1$ von Primzahlpotenzordnung $m = l^\nu$ mit $l \neq 2$ hat der Größencharakter $\omega(\chi)$ im l^ν-ten Einheitswurzelkörper Z_ν einen Führer $\mathfrak{f}(\chi) \neq 1$.*

Da es sich bei dieser Folgerung aus (4.) mit $l \neq 2$ nur um die Trennung der beiden 2-ten Einheitswurzeln ± 1 handelt, hätte übrigens die Betrachtung von $\omega_0(\chi|a) \bmod \mathfrak{l}_\nu$, also die triviale, gröbere Kongruenz (2_0.) statt der schärferen (2.) ausgereicht. Jedoch wird die auf (2.) zurückgehende schärfere Kongruenz (3.) nachher bei der genauen Bestimmung von $\mathfrak{f}(\chi)$ im Spezialfall $\nu = 1$ einer Primzahlordnung $m = l \neq 2$ gebraucht werden.

Im Falle $l = 2$ ist der in (4.) erhaltene Kongruenzwert 1 mod $\mathfrak{l}_\nu^2$ nicht scharf genug, um entsprechend zu schließen. Man benötigt dazu vielmehr einen von 1 verschiedenen Kongruenzwert. Es ist mir bisher nur im niedrigsten Spezialfall $\nu = 2$, also bei $m = 2^2$ gelungen, durch Erhöhung des Moduls $\mathfrak{l}_\nu \mathfrak{l}_\nu^2$ in (2.) zu einem solchen zu gelangen. Dieser wird nachher bei der genauen Bestimmung von $\mathfrak{f}(\chi)$ für $m = 2^2$ angegeben werden.

Auch die naheliegende Betrachtung des speziellen Wertes $\omega_0(\chi|\zeta_\nu)$, auf den im Falle $m = l \neq 2$ noch zurückzukommen sein wird, stößt auf Schwierigkeiten. Bei beliebigem l hat man wegen $\zeta_\nu \cong 1$ trivialerweise $\omega(\chi\,|\,\zeta_\nu) = 1$ und daher

$$(5.)\qquad \omega_0(\chi\,|\,\zeta_\nu) = \zeta_\nu^{-\sum\limits_J d(-j\mu)J} = \zeta_\nu^{\sum\limits_J d(j\mu)J} = \zeta_\nu^{\sum\limits_j d(j\mu)j^{-1}},$$

letztere Umformungen wie vorher bei (3.).

Im Falle $l = 2$ vereinfacht sich dies durch die Summationstransformation $j \to j^{-1} \bmod 2^\nu$ und Reduktion der Summation auf das kleinste positive prime Halbsystem $j \bmod 2^\nu$ noch weiter zu

$$\omega_0(\chi|\zeta_\nu) = \zeta_\nu^{\sum\limits_{\pm j}^{+} (2d(j^{-1}\mu)-1)j} = \zeta_{\nu-1}^{\sum\limits_{\pm j}^{+} d(j^{-1}\mu)j}\ \zeta_2^{-2^{\nu-2}},$$

letzteres im Hinblick auf $\sum\limits_{\pm j}^{+} j \doteq \frac{1}{2}\, 2^{\nu-2}\, 2^{\nu-1} = 2^{\nu-2}\, 2^{\nu-2}$.

Speziell für $\nu = 2$ hat man demnach

$$\omega_0(\chi|\zeta_2) = (-1)^{d(\mu)}\ i^{-1} \neq 1.$$

Numerische Durchprüfung zeigt, daß auch für $\nu = 3$ alle $\omega_0(\chi|\zeta_3) \neq 1$ sind. Demnach gilt in Ergängunz zu Satz 1 jedenfalls:

Zusatz. *Auch in den Fällen $m = 2^2$ und $m = 2^3$ ist durchweg $\mathfrak{f}(\chi) \neq 1$.*

Für $\nu > 3$ bleibt fraglich, ob bei allen Exponentenpaaren $\mu \not\equiv 0 \bmod 2^\nu$ der schwer zugängliche elementar-zahlentheoretische Kongruenzwert $\sum\limits_j d(j\mu)\, j^{-1} \bmod 2^\nu$ (oder in reduzierter Form $\sum\limits_{\pm j}^{+} d(j^{-1}\mu)\, j \bmod 2^{\nu-1}$) von 0 verschieden ist. So muß die Frage, ob auch in den höheren Fällen $m = 2^\nu$ mit $\nu > 3$ durchweg $\mathfrak{f}(\chi) \neq 1$ ist, hier offen bleiben.

4. Es werde jetzt der Spezialfall einer Primzahlordnung $m = l \neq 2$ betrachtet. Die in 2 bewiesene allgemeine Kongruenz (3.) lautet in diesem Falle

$$\omega_0(\chi|\alpha) \equiv \alpha^{\sum\limits_J d(j\mu)J} \bmod \mathfrak{l}_1^2.$$

Im Hinblick auf die Invarianz des Primdivisors $\mathfrak{l}_1$ von Z_1 bei den Automorphismen J von Z_1 folgt daraus speziell

$$\omega_0(\chi|\alpha) \equiv 1 \bmod \mathfrak{l}_1^2 \quad \text{für } \alpha \equiv 1 \bmod \mathfrak{l}_1^2.$$

Da $\omega_0(\chi)$ nach § 10, 2, 7 als Werte $2l$-te Einheitswurzeln hat, und da diese sämtlich inkongruent mod $\mathfrak{l}_1^2$ sind, besagt diese Kongruenz die Gleichheit

$$(6.) \qquad \omega_0(\chi|\alpha) = 1 \quad \text{für } \alpha \equiv 1 \bmod \mathfrak{l}_1^2.$$

Demnach ist $\omega_0(\chi)$ ein Kongruenzcharakter mod $\mathfrak{l}_1^2$ in Z_1.

Hiermit ist für den Spezialfall $m = l \neq 2$ erneut die Richtigkeit der Behauptung § 10, 2, (10.) des Satzes von Weil bewiesen, und zwar jetzt mit dem niedrigeren Modul $\mathfrak{l}_1^2$ statt l^2.

Für den Führer $\mathfrak{f}(\chi)$ von $\omega_0(\chi)$ kommen im Hinblick auf Satz 1 und (6.) nur die beiden Möglichkeiten

$$\mathfrak{f}(\chi) = \mathfrak{l}_1 \text{ oder } \mathfrak{l}_1^2$$

in Frage.

Nun besteht für die prime Restklassengruppe mod $\mathfrak{l}_1^2$ in Z_1 die eindeutige Darstellung

$$\alpha \equiv a\,\zeta_1^k \bmod \mathfrak{l}_1^2 \quad \begin{Bmatrix} a \text{ rational, } a \not\equiv 0 \bmod l \\ k \bmod l \end{Bmatrix},$$

wobei

$$\alpha \equiv a \bmod \mathfrak{l}_1$$

die prime Restklassengruppe mod $\mathfrak{l}_1$ repräsentiert. Als Charakter mod $\mathfrak{l}_1^2$ ist $\omega_0(\chi)$ durch die Werte $\omega_0(\chi|a)$ und $\omega_0(\chi|\zeta)$ vollständig bestimmt. Da die Kongruenz (4.) hier, wie vorher bei (6.), eine Gleichheit ist, hat man

$$\omega_0(\chi|a) = \left(\frac{a}{l}\right)_2,$$

und nach (5.) ist

$$\omega_0(\chi|\zeta_1) = \zeta_1^{\sum_j d(j\mu)j^{-1}}.$$

Zusammengenommen ergibt sich so:

Satz 2. *Für einen Charakter $\chi \not\sim 1$ von Primzahlordnung $m = l \neq 2$ mit dem Exponentenpaar $\mu \not\sim 0$ mod l hat der Größencharakter $\omega(\chi)$ im l-ten Einheitswurzelkörper Z_1 den Führer*

$$\mathfrak{f}(\chi) = \mathfrak{l}_1 \text{ oder } \mathfrak{l}_1^2,$$

je nachdem die Summe

$$\sum_j d(j\mu)\,j^{-1} \equiv 0 \quad \textit{oder} \quad \not\equiv 0 \bmod l$$

ist.

Diese elementar-zahlentheoretische Summe mod l hängt nur von der Proportionalitätsklasse des Exponentenpares $\mu \equiv (\mu_1, \mu_2)$ mod l ab, die ihrerseits der Konjugiertenklasse des Charakters χ entspricht. Ein Vertretersystem der Proportionalitätsklassen $\not\sim 0$ mod l bilden die Exponentenpaare

$$\mu_\varrho \equiv (1, \varrho) \bmod l \quad \text{mit } \varrho = 1, \ldots, l-2$$

Für das spezielle Paar $\mu_1 \equiv (1, 1) \bmod l$ läßt sich der Kongruenzwert der in Rede stehenden Summe wie folgt ausrechnen. Definitionsgemäß ist

$$d(j\mu_1) = d(j, j) = \left\{\begin{array}{ll} 0 & \text{für} \quad 0 < j < \frac{1}{2}\, l \\ 1 & \text{für} \ \frac{1}{2}\, l < j < l \end{array}\right\},$$

also

$$\sum_j d(j\mu_1)\, j^{-1} \equiv \sum_{\frac{1}{2}l<j<l} \frac{1}{j} \equiv - \sum_{0<j<\frac{1}{2}l} \frac{1}{j} \bmod l.$$

Wegen

$$\frac{2^l-2}{l} = \sum_{0<j<l} \frac{1}{l}\binom{l}{j} \equiv \sum_{0<j<l} \frac{(-1)^{j-1}}{j} \equiv \sum_{0<j<l} \frac{(-1)^{j-1}-1}{j} \equiv \sum_{0<2j<l} \frac{-2}{2j} \equiv - \sum_{0<j<\frac{1}{2}l} \frac{1}{j} \bmod l$$

hat man demnach

$$\sum_j d(j\mu_1)\, j^{-1} \equiv \frac{2^l-2}{l} \bmod l.$$

In Ergänzung zu Satz 2 gilt somit:

Zusatz 1. *Für die speziellen Charaktere χ mit den Exponentenpaaren $\mu \equiv (\mu, \mu) \bmod l$ ist $\mathfrak{f}(\chi) = \mathfrak{l}_1$ genau dann, wenn die Primzahl l dem Wieferichschen Kriterium $\frac{2^l-2}{l} \equiv 0 \bmod l$ zur Fermatschen Vermutung genügt.*

Für ein beliebiges Paar $\mu_\varrho \equiv (1, \varrho) \bmod l$ mit $1 \leqq \varrho \leqq l-2$ berechnet sich der Kongruenzwert

$$\sum_j d(j\mu_\varrho)\, j^{-1} \equiv \sum_j d(j, j\varrho)\, j^{-1} \equiv \frac{1}{l} \sum_j \frac{r(j) + r(j\varrho) - r(j(\varrho+1))}{j} \bmod l$$

nach der von Lerch [16a] herrührenden Formel[1])

$$q(\varrho) \equiv \frac{\varrho^l - \varrho}{l} \equiv \sum_j \frac{1}{j}\left[\frac{j\varrho}{l}\right] \equiv \frac{1}{l} \sum_j \frac{j\varrho - r(j\varrho)}{j} \bmod l$$

für den sogenannten Fermatschen Quotienten zu

$$\sum_j d(j\mu_\varrho)\, j^{-1} \equiv q(\varrho+1) - q(\varrho) \bmod l.$$

Allgemein gilt demnach:

Zusatz 2. *Für einen beliebigen Charakter $\chi \nsim 1$, mit dem Exponentenpaar $\mu \equiv (\mu, \mu\varrho) \bmod l$, wo $1 \leqq \varrho \leqq l-2$, ist $\mathfrak{f}(\chi) = \mathfrak{l}_1$ genau dann, wenn zwischen den Fermatschen Quotienten zu l für ϱ und $\varrho+1$ die Kongruenz $q(\varrho+1) \equiv q(\varrho) \bmod l$ besteht.*

Wegen $q(1) \equiv 0$, $q(l-1) \equiv -1 \bmod l$ ist diese Kongruenz sicher nicht für alle $\varrho = 1, \ldots, l-2$ erfüllt. Daher ist sicher mindestens ein Charakter $\chi \nsim 1$ vom Führer $\mathfrak{f}(\chi) = \mathfrak{l}_1^2$ vorhanden. Versteht man nach dem Vorbild der Klassenkörpertheorie unter dem Führer $\mathfrak{f}$ des arithmetischen Funktionenkörpers K das kleinste gemeinsame Vielfache der Charakterführer $\mathfrak{f}(\chi)$, so ist demnach im hier betrachteten Falle eines Primzahlexponenten $m = l \neq 2$ mit dem Konstantenkörpers $\mathsf{K} = \mathsf{Z}_1$ dieser Führer $\mathfrak{f} = \mathfrak{l}_1^2$.

5. Es werde schließlich der Spezialfall der Ordnung $m = 2^2$ behandelt. Hier kommt man zum Ziel, indem man speziell für $l = 2$ mit $\nu = 2$ den in (2.) erhaltenen Kongruenzwert $\omega(\chi|\mathfrak{p}) \equiv 1 \bmod \mathfrak{l}_2\mathfrak{l}_{\hat\nu}$ (mit $\hat\nu = 1$ oder 2) zu einem Kongruenzwert $\omega(\chi|\mathfrak{p}) \equiv 1 \bmod \mathfrak{l}_1\mathfrak{l}_{\hat\nu}$ verschärft, der dann zur Trennung der 2^2-ten Einheitswurzelwerte $\omega_0(\chi|\alpha)$ ausreicht.

[1]) Den Hinweis auf diese Formel und ihre nachstehende Anwendung verdanke ich C. Meyer.

Dies kann durch ein Reduktionsverfahren geschehen, das an Durchsichtigkeit gewinnt, wenn man es von vornherein im allgemeinen Falle einer beliebigen Primzahlpotenzordnung $m = l^{\nu}$ mit $\nu > 1$ ansetzt und dann diesen Ansatz auf der zu betrachtenden Fall $l = 2$ mit $\nu = 2$ spezialisiert. Es wird dabei auch hervortreten, weswegen die Anwendung dieses Verfahrens auf eine entsprechende Verschärfung der Kongruenz (2.) im Falle $l \neq 2$ mit $\nu > 1$ versagt und somit die Verallgemeinerung von Satz 1 auf $\nu > 1$ mittels dieses Ansatzes nicht gelingt.

Unter Zugrundelegung der Bezeichnungen und Voraussetzungen aus 2 für die Jacobische Summe $\omega(\chi|\mathfrak{p}) = \omega(\psi_{\mathfrak{p}}, \hat{\psi}_{\mathfrak{p}})$ werde die Verschärfung des in (2.) erhaltenen Kongruenzwertes $\omega(\chi|\mathfrak{p}) \equiv 1 \bmod \mathfrak{l}_{\nu}\mathfrak{l}_{\hat{\nu}}$ zu einem Kongruenzwert $\omega(\chi|\mathfrak{p}) \bmod \mathfrak{l}_{\nu'}\mathfrak{l}_{\hat{\nu}}$ für ein festes ν' mit $1 \leqq \nu' < \nu$ zum Ziel gesetzt.

Da $\zeta_{\nu} \bmod \mathfrak{l}_{\nu'}$ nur die Ordnung $l^{\nu-\nu'}$ hat, sind die Kongruenzwerte $\psi_{\mathfrak{p}}(\tau) \bmod \mathfrak{l}_{\nu'}$ bereits eindeutig durch die Werte $\psi_{\mathfrak{p}}^{l^{\nu'}}(\tau)$ festgelegt:

$$\psi_{\mathfrak{p}}(\tau) \equiv \zeta_{\nu}^{t} \bmod \mathfrak{l}_{\nu'} \quad \longleftrightarrow \quad \psi_{\mathfrak{p}}^{l^{\nu'}}(\tau) \equiv \zeta_{\nu}^{t\,l^{\nu'}} = \zeta_{\nu-\nu'}^{t} \quad (t \bmod l^{\nu-\nu'}).$$

In Formeln drückt sich dieser umkehrbar eindeutige Zusammenhang durch die Kongruenz

$$\psi_{\mathfrak{p}}(\tau) \equiv \sum_{t \bmod l^{\nu-\nu'}} \left(\frac{1}{l^{\nu-\nu'}} \sum_{x \bmod l^{\nu-\nu'}} \zeta_{\nu-\nu'}^{-tx}\, \psi_{\mathfrak{p}}^{x l^{\nu'}}(\tau)\right) \zeta_{\nu}^{t} \bmod \mathfrak{l}_{\nu'}$$

aus; denn die innere Summe ist gleich 1 oder 0, je nachdem $\psi_{\mathfrak{p}}^{l^{\nu'}}(\tau) = \zeta_{\nu-\nu'}^{t}$ oder $\zeta_{\nu-\nu'}^{t'}$ mit $t' \not\equiv t \bmod l^{\nu-\nu'}$ ist. Man beachte, daß für diese Reduktionskongruenz $\psi_{\mathfrak{p}}(\tau) \neq 0$, also $\tau \neq 0, \infty \bmod \mathfrak{p}$ vorauszusetzen ist, wie das in (1.) bei der dort zugrundegelegten Summationsbeschränkung der Fall ist. Durch Vertauschung der Summationsfolge ergibt sich ein linearer Zusammenhang

$$\psi_{\mathfrak{p}}(\tau) \equiv \sum_{x \bmod l^{\nu-\nu'}} \mathsf{A}_{x}^{(\nu,\nu')}\, \psi_{\mathfrak{p}}^{x l^{\nu'}}(\tau) \bmod \mathfrak{l}_{\nu'} \tag{7.}$$

zwischen den $\psi_{\mathfrak{p}}(\tau) \bmod \mathfrak{l}_{\nu'}$ und den $\psi_{\mathfrak{p}}^{x l^{\nu'}}(\tau)$ mit Koeffizienten $\mathsf{A}_{x}^{(\nu,\nu')}$ aus Z_{ν}, die sich unter Zugrundelegung des kleinsten nicht-negativen Restsystems $t \bmod l^{\nu-\nu'}$ zu

$$\mathsf{A}_{x}^{(\nu,\nu')} = \frac{1}{l^{\nu-\nu'}} \sum_{t \bmod l^{\nu-\nu'}}^{+} \zeta_{\nu}^{t(1-x l^{\nu'})} = \frac{1}{l^{\nu-\nu'}} \; \frac{1-\zeta_{\nu'}}{1-\zeta_{\nu}^{1-x l^{\nu'}}} \cong \frac{1}{l^{\nu-\nu'}} \; \frac{\mathfrak{l}_{\nu'}}{\mathfrak{l}_{\nu}} \tag{8.}$$

bestimmen, und die bei dieser Normierung die Summen

$$\sum_{x \bmod l^{\nu-\nu'}} \mathsf{A}_{x}^{(\nu,\nu')} = 1 \tag{9.}$$

haben. Man beachte, daß eine Normierung des Restsystems $t \bmod l^{\nu-\nu'}$ hier erforderlich ist, weil sich die Summation in (8.) nur über ein Teilsystem der Gruppe der l^{ν}-ten Einheitswurzeln erstreckt. Der formale Nenner $l^{\nu-\nu'}$ der Koeffizienten $\mathsf{A}_{x}^{(\nu,\nu')}$ hebt sich nach der in (8.) angegebenen Divisordarstellung wegen $\nu' < \nu$ nicht vollständig heraus.

Setzt man nun in der bereits in 2 für den Beweis von (2.) zum Ausgang genommenen Darstellung

$$\omega(\psi_{\mathfrak{p}}, \hat{\psi}_{\mathfrak{p}}) - 1 = - \sum_{\tau \bmod \mathfrak{p}}' \psi_{\mathfrak{p}}(\tau) \left(\hat{\psi}_{\mathfrak{p}}(1-\tau) - 1\right),$$

in der alle zweiten Faktoren $\hat{\psi}_{\mathfrak{p}}(1-\tau) - 1 \equiv 0 \bmod \mathfrak{l}_{\hat{\nu}}$ sind, für die ersten Faktoren $\psi_{\mathfrak{p}}(\tau)$ jetzt ihre Kongruenzwerte $\bmod \mathfrak{l}_{\nu'}$, aus (7.) ein, so erhält man nach Summationsvertauschung

$$\begin{aligned} \omega(\psi_{\mathfrak{p}}, \hat{\psi}_{\mathfrak{p}}) - 1 &\equiv - \sum_{x \bmod l^{\nu-\nu'}} \mathsf{A}_{x}^{(\nu,\nu')} \sum_{\tau \bmod \mathfrak{p}}' \psi_{\mathfrak{p}}^{x l^{\nu'}}(\tau) \left(\hat{\psi}_{\mathfrak{p}}(1-\tau) - 1\right) \bmod \mathfrak{l}_{\nu'}\mathfrak{l}_{\hat{\nu}} \\ &\equiv \sum_{x \bmod l^{\nu-\nu'}} \mathsf{A}_{x}^{(\nu,\nu')}\, \omega(\psi_{\mathfrak{p}}^{x l^{\nu'}}, \hat{\psi}_{\mathfrak{p}}) - \sum_{x \bmod l^{\nu-\nu'}} \mathsf{A}_{x}^{(\nu,\nu')}\, \omega(\psi_{\mathfrak{p}}^{x l^{\nu'}}, 1) \bmod \mathfrak{l}_{\nu'}\mathfrak{l}_{\hat{\nu}}. \end{aligned}$$

Unter Beachtung von

$$\omega(\psi_{\mathfrak{p}}^{x l^{\nu'}}, 1) = \left\{ \begin{array}{ll} -(\mathfrak{N}(\mathfrak{p})-2) = 1-(\mathfrak{N}(\mathfrak{p})-1) & \text{für } x \equiv 0 \bmod l^{\nu-\nu'} \\ 1 & \text{für } x \not\equiv 0 \bmod l^{\nu-\nu'} \end{array} \right\}$$

(wobei jetzt im Hinblick auf den Nenner von $\mathsf{A}_0^{(\nu,\nu')}$ das Glied mit $\mathfrak{N}(\mathfrak{p})-1 \equiv 0 \bmod l^\nu$ nicht wie in 2 wegfällt) sowie der Summenformel (9.) ergibt sich so für den gesuchten Kongruenzwert die Rekursionskongruenz

$$(10.)\qquad \omega(\psi_\mathfrak{p}, \hat{\psi}_\mathfrak{p}) \equiv \mathsf{A}_0^{(\nu,\nu')}(\mathfrak{N}(\mathfrak{p})-1) + \sum_{x \bmod l^{\nu-\nu'}} \mathsf{A}_x^{(\nu,\nu')}\, \omega(\psi_\mathfrak{p}^{x l^{\nu'}}, \hat{\psi}_\mathfrak{p}) \bmod \mathfrak{l}_{\nu'} \mathfrak{l}_{\hat{\nu}}.$$

Zur tatsächlichen rekursiven Bestimmung des Kongruenzwertes $\omega(\psi_\mathfrak{p}, \hat{\psi}_\mathfrak{p}) \bmod \mathfrak{l}_{\nu'} \mathfrak{l}_{\hat{\nu}}$ ist diese Kongruenz leider nur in denjenigen Fällen geeignet, in denen der Nenner der Koeffizienten $\mathsf{A}_x^{(\nu,\nu')}$ so niedrig ist, daß es in ihr nur auf die Kongruenzwerte $\omega(\psi_\mathfrak{p}^{x l^{\nu'}}, \psi_\mathfrak{p})$ mod $\mathfrak{l}_{\nu-\nu'} \mathfrak{l}_{\hat{\nu}'}$ ankommt, wo $l^{\hat{\nu}'}$ zu den Charakterpaaren $\psi_\mathfrak{p}^{x l^{\nu'}}, \hat{\psi}_\mathfrak{p}$ (soweit diese nicht-trivial sind, also $\psi_\mathfrak{p}^{x l^{\nu'}} \hat{\psi}_\mathfrak{p} \neq 1$ ist) entsprechend definiert ist, wie $l^{\hat{\nu}}$ in 2 zu dem Ausgangspaar $\psi_\mathfrak{p}, \hat{\psi}_\mathfrak{p}$, nämlich invariant ausgedrückt als der größte gemeinsame Teiler der beiden Ordnungen $l^{\nu-\nu'}, l^{\hat{\nu}}$. Gleichgültig wie man ν' wählt, also ob man von $\mathfrak{l}_\nu \mathfrak{l}_{\hat{\nu}}$ einem in einzigen großen oder in mehreren kleinen Schritten zu $\mathfrak{l}_{\nu'} \mathfrak{l}_{\hat{\nu}}$ aufsteigt, trifft diese Bedingung, wie man aus der Divisordarstellung in (8.) leicht erkannt, nur im Spezialfall $l = 2$ mit $\nu = 2$ zu, wo dann nur $\nu' = 1$ in Frage kommt.

6. Im Spezialfall $l = 2$ mit $\nu = 2$ und $\nu' = 1$ spezialisiert sich die erhaltene Rekursionskongruenz (10.) einschließlich der Koeffizientenformeln (8.), (9.) zu

$$\omega(\psi_\mathfrak{p}, \psi_\mathfrak{p}) \equiv \mathsf{A}(\mathfrak{N}(\mathfrak{p})-1) + \mathsf{A}\,\omega(1, \hat{\psi}) + (1-\mathsf{A})\,\omega(\psi_\mathfrak{p}^2, \hat{\psi}_\mathfrak{p}) \bmod \mathfrak{l}_1 \mathfrak{l}_{\hat{\nu}}$$

mit

$$\mathsf{A} = \frac{1}{2}\,\frac{1-\zeta_1}{1-\zeta_2} = \frac{1}{2}(1+\zeta_2) = \frac{1+i}{2} \cong \frac{1}{2}\,\frac{\mathfrak{l}_1}{\mathfrak{l}_2} = \frac{\mathfrak{l}_2}{2},$$

wobei $\mathfrak{l}_1 \cong 2$ ist.

Hierin ist zunächst die triviale Jacobische Summe $\omega(1, \hat{\psi}_\mathfrak{p}) = 1$, also

$$\omega(\psi_\mathfrak{p}, \hat{\psi}_\mathfrak{p}) \equiv \mathsf{A}(\mathfrak{N}(\mathfrak{p})-1) + \mathsf{A} + (1-\mathsf{A})\,\omega(\psi_\mathfrak{p}^2, \hat{\psi}_\mathfrak{p}) \bmod 2\mathfrak{l}_{\hat{\nu}},$$

und für die verbleibende Jacobische Summe $\omega(\psi_\mathfrak{p}^2, \hat{\psi}_\mathfrak{p})$ bestehen, da die Ausgangssumme $\omega(\psi_\mathfrak{p}, \hat{\psi}_\mathfrak{p})$ nicht-trivial sein sollte, nur die beiden Möglichkeiten $\hat{\psi} = \psi$ oder $\psi_\mathfrak{p}^2$ mit $\hat{\nu} = 2$ bzw. 1, also

$$(11.)\qquad \left\{ \begin{array}{l} \omega(\psi_\mathfrak{p}, \psi_\mathfrak{p}) \equiv \mathsf{A}(\mathfrak{N}(\mathfrak{p})-1) + \mathsf{A} + (1-\mathsf{A})\,\omega(\psi_\mathfrak{p}^2, \psi_\mathfrak{p}) \bmod 2\mathfrak{l}_2 \\ \omega(\psi_\mathfrak{p}, \psi_\mathfrak{p}^2) \equiv \mathsf{A}(\mathfrak{N}(\mathfrak{p})-1) + \mathsf{A} + (1-\mathsf{A})\,\omega(\psi_\mathfrak{p}^2, \psi_\mathfrak{p}^2) \bmod 2^2 \end{array} \right\}.$$

Im letzteren Falle ist auch die verbliebene Jacobische Summe $\omega(\psi_\mathfrak{p}^2, \psi_\mathfrak{p}^2)$ trivial, und zwar hat auch sie den Wert

$$\omega(\psi_\mathfrak{p}^2, \psi_\mathfrak{p}^2) = \omega(\psi_\mathfrak{p}, \psi_\mathfrak{p}^{-2}) = -\sum_{\tau \bmod \mathfrak{p}}{}' \left(\frac{\tau}{1-\tau}\right) = \psi_\mathfrak{p}^2(-1) = \psi_\mathfrak{p}(-1)^2 = 1.$$

Somit ergibt sich

$$(12.)\qquad \omega(\psi_\mathfrak{p}, \psi_\mathfrak{p}^2) \equiv 1 + \mathsf{A}(\mathfrak{N}(\mathfrak{p})-1) \bmod 2^2 \text{ mit } \mathsf{A} = \frac{1+i}{2},$$

und wegen $\mathfrak{N}(\mathfrak{p}) \equiv 1 \bmod 2^2$ und $\mathsf{A} \cong \frac{\mathfrak{l}_2}{2}$ sicher

$$(12_0.)\qquad \omega(\psi_\mathfrak{p}, \psi_\mathfrak{p}^2) \equiv 1 \bmod 2\,\mathfrak{l}_2.$$

Im ersteren Falle ist die verbliebene Jacobische Summe $\omega(\psi_\mathfrak{p}^2, \psi_\mathfrak{p}) = \omega(\psi_\mathfrak{p}, \psi_\mathfrak{p}^2)$ nicht-trivial und gerade die Ausgangssumme des letzteren Falles. Die beiden Kongruenzen (11.) können kombiniert werden, weil der in der ersten auftretende Kongruenzwert $(1 - \mathsf{A})\,\omega(\psi_\mathfrak{p}^2, \psi_\mathfrak{p}) \bmod 2\mathfrak{l}_2$ wegen $1 - \mathsf{A} \cong \frac{\mathfrak{l}_2}{2}$ gerade aus der zweiten, oder also aus dem expliziten, scharfen Ergebnis (12.) entnommen werden kann. So erhält man zunächst

$$\begin{aligned}\omega(\psi_\mathfrak{p}, \psi_\mathfrak{p}) &\equiv \mathsf{A}\,(\mathfrak{N}(\mathfrak{p})-1) + \mathsf{A} + (1-\mathsf{A})\,(1 + \mathsf{A}\,(\mathfrak{N}(\mathfrak{p})-1)) \bmod 2\mathfrak{l}_2 \\ &\equiv 1 + (\mathsf{A} + (1-\mathsf{A})\,\mathsf{A})\,(\mathfrak{N}(\mathfrak{p})-1) \bmod 2\mathfrak{l}_2\end{aligned}$$

Unter Beachtung von $\mathsf{A}\,(\mathfrak{N}(\mathfrak{p}) - 1) \equiv 0 \bmod 2\mathfrak{l}_2$ wie bei $(12_0.)$ und $(1 - \mathsf{A})\,\mathsf{A} = \frac{1}{2}$ ergibt sich daraus

$$\omega(\psi_\mathfrak{p}, \psi_\mathfrak{p}) \equiv 1 + \frac{\mathfrak{N}(\mathfrak{p})-1}{2} \equiv (-1)^{\frac{\mathfrak{N}(\mathfrak{p})-1}{2^1}} \bmod 2\mathfrak{l}_2.$$

Die hier rechts auftretende 2-te Einheitswurzel kann wegen $-1 = i^2$ folgendermaßen als 2-tes Potenzrestsymbol im Körper $\mathsf{Z}_2 = \mathsf{P}(i)$ geschrieben werden:

$$(-1)^{\frac{\mathfrak{N}(\mathfrak{p})-1}{2^1}} = \left(\frac{-1}{\mathfrak{p}}\right)_{2^1} = \left(\frac{i}{\mathfrak{p}}\right)_2 = \left(\frac{2}{\mathfrak{p}}\right)_2.$$

Damit erhält das Ergebnis die Form

$$\omega(\psi_\mathfrak{p}, \psi_\mathfrak{p}) \equiv \left(\frac{2}{\mathfrak{p}}\right)_2 \bmod 2\mathfrak{l}_2. \tag{13.}$$

Zur Trennung der Einheitswurzelwerte von $\omega_0(\chi\,|\,\alpha)$ reichen schon die groben Kongruenzwerte $(12_0.)$ aus; die scharfen (12.) wurden nur zur Herleitung der entsprechenden Kongruenzwerte (13.) benötigt. Für die Größencharakter $\omega(\chi)$ ergeben $(12_0.)$, (13.) die Kongruenzwerte

$$\omega(\chi\,|\,\mathfrak{p}) \equiv \begin{cases} \left(\frac{2}{\mathfrak{p}}\right)_2 \bmod 2\mathfrak{l}_2, \text{ wenn } \mu \equiv \pm(1, 1) \bmod 2^2 \\ 1 \quad \bmod 2\mathfrak{l}_2, \text{ wenn } \mu \equiv \pm(1, 2) \bmod 2^2 \end{cases}$$

für Primdivisoren $\mathfrak{p} \nmid 2$ von Z_2. Durch Zusammensetzung folgt daraus auch allgemein

$$\omega(\chi\,|\,\mathfrak{a}) \equiv \begin{cases} \left(\frac{2}{\mathfrak{a}}\right)_2 \bmod 2\mathfrak{l}_2, \text{ wenn } \mu \equiv \pm(1, 1) \bmod 2^2 \\ 1 \quad \bmod 2\mathfrak{l}_2, \text{ wenn } \mu \equiv \pm(1, 2) \bmod 2^2 \end{cases}$$

für zu 2 prime Divisoren $\mathfrak{a}$ von Z_2. Wegen $d(1, 1) = 0$, $d(-1, -1) = 1$, $d(1, 2) = 0$, $d(-1, -2) = 1$ und $\mathfrak{N}(\alpha) = \alpha\bar{\alpha} \equiv 1 \bmod 2^2$ hat man ferner sicher

$$\alpha^{\sum\limits_J d(-j\mu) J} \equiv \begin{cases} \alpha^{\pm 1} \bmod 2\mathfrak{l}_2, \text{ wenn } \mu \equiv \pm(1, 1) \bmod 2^2 \\ \alpha^{\pm 1} \bmod 2\mathfrak{l}_2, \text{ wenn } \mu \equiv \pm(1, 2) \bmod 2^2 \end{cases}$$

und daher

$$\omega_0(\chi\,|\,\alpha) \equiv \begin{cases} \left(\frac{2}{\alpha}\right)_2 \alpha^{\mp 1} \bmod 2\mathfrak{l}_2, \text{ wenn } \mu \equiv \pm(1, 1) \bmod 2^2 \\ \alpha^{\mp 1} \bmod 2\mathfrak{l}_2, \text{ wenn } \mu \equiv \pm(1, 2) \bmod 2^2 \end{cases} \tag{14.}$$

für zu 2 prime Zahlen α aus Z_2.

Nun besteht für die prime Restklassengruppe mod $2\mathfrak{l}_2$ in Z_2 die eindeutige Darstellung

$$\alpha \equiv i^k \bmod 2\mathfrak{l}_2 \quad (k \bmod 2^2).$$

Denkt man diese Darstellung eingetragen, so besagt die Kongruenz (14.) wegen der Inkongruenz mod $2\mathfrak{l}_2$ der 2^2-ten Einheitswurzeln die Gleichheit

$$\omega_0(\chi|\alpha) = \begin{Bmatrix} \left(\frac{2}{\alpha}\right)_2 & i^{\mp k}, \text{ wenn } \mu \equiv \pm(1,\ 1) \bmod 2^2 \\ & i^{\mp k}, \text{ wenn } \mu \equiv \pm(1,\ 2) \bmod 2^2 \end{Bmatrix}.$$

Hierdurch ist der Zahlcharakter $\omega_0(\chi)$ in Z_2 explizit bestimmt, und zwar, da das Potenzrestsymbol

$$\left(\frac{2}{\alpha}\right)_2 = (-1)^{\frac{\mathfrak{N}(\alpha)-1}{2^3}}$$

in Z_2 ein Kongruenzcharakter vom Führer 2^2 ist, als Kongruenzcharakter vom Führer

$$\mathfrak{f}(\chi) = 2^2 \text{ bzw. } 2\mathfrak{l}_2.$$

Für den letzteren Schluß wird übrigens die in **3**, Zusatz zu Satz 1 gemachte Feststellung $\mathfrak{f}(\chi) \neq 1$ nicht benötigt.

Damit ist auch für den Spezialfall $m = 2^2$ erneut die Richtigkeit der Behauptung § 10, **2**, (10.) des Satzes von Weil bewiesen, jetzt mit dem niedrigeren Modul 2^2 bzw. $2\mathfrak{l}_2$ statt 2^4, und überdies festgestellt, daß dieser Modul der Führer ist:

Satz 3. *Für einen Charakter $\chi \nsim 1$ von der Ordnung $m = 2^2$ mit dem Exponentenpaar $\mu \nsim 0 \bmod 2^2$ hat der Größencharakter $\omega(\chi)$ im 2^2-ten Einheitswurzelkörper Z_2 den Führer*

$$\mathfrak{f}(\chi) \cong 2^2 \quad \textit{oder} \quad 2(1-i)$$

je nachdem das Exponentenpaar

$$\mu \equiv \pm(1,1) \textit{ oder } \pm(1,2) \bmod 2^2$$

ist.

Dementsprechend ist die bei Weil [25] gemachte Angabe, daß durchweg $\mathfrak{f}(\chi) = 2^2$ sei, zu berichtigen. Dagegen hat auch im hier betrachteten Falle des Exponenten $m = 2^2$ mit dem Konstantenkörper $\mathsf{K} = \mathsf{Z}_2$ der nach Satz 2, Zusatz 2 definierte Führer $\mathfrak{f}$ des arithmetischen Funktionenkörpers K den Wert $\mathfrak{f} = 2^2$.

LITERATURVERZEICHNIS[1])

[1] H. DAVENPORT-H. HASSE, Die Nullstellen der Kongruenzzetafunktionen in gewissen zyklischen Fällen. Journ. r. a. Math. **172** (1934), 151—182. (28, 29, 33, 34, 39, 40)

[2] M. DEURING, Verzweigungstheorie bewerteter Körper. Math. Ann. **105** (1931), 277—307. (25)

[3] M. DEURING, Reduktion algebraischer Funktionenkörper nach Primdivisoren des Konstantenkörpers. Math. Zeitschr. **47** (1942), 643—654. (11, 15, 17, 21)

[4] M. DEURING, Die Struktur der elliptischen Funktionenkörper und die Klassenkörper der imaginären quadratischen Zahlkörper. Math. Ann. **124** (1952), 393—426. (5)

[5] M. DEURING, Die Zetafunktion einer algebraischen Kurve vom Geschlechte Eins. Nachr. Akad. d. Wiss. Göttingen, Math. Phys. Kl., 1953, 85—94. (5, 17)

[6] M. EICHLER, Zum Hilbertschen Irreduzibilitätssatz. Math. Ann. **116** (1939), 742—748. (11)

[7] H. HASSE, Beweis des Analogons der Riemannschen Vermutung für die Artinschen und F. K. Schmidtschen Kongruenzzetafunktionen in gewissen elliptischen Fällen. Vorläufige Mitteilung. Nachr. Ges. d. Wiss. Göttingen, Math. Phys. Kl., 1933, 253—262. (5)

[8] H. HASSE, Theorie der relativ-zyklischen algebraischen Funktionenkörper, insbesondere bei endlichem Konstantenkörper. Journ. r. a. Math. **172** (1934), 37—54. (27, 29, 36)

[9] H. HASSE, Zahlentheorie. Berlin 1949. (7, 10)

[10] H. HASSE, Invariante Kennzeichnung galoisscher Körper mit vorgegebener Galoisgruppe. Journ. r. a. Math. **187** (1949), 14—43. (26)

[11] H. HASSE, Vorlesungen über Zahlentheorie. Berlin 1950. (33)

[12] H. HASSE, Über das Zerlegungsgesetz für einen Funktionalprimdivisor in einem zyklischen Körper von durch ihn teilbarem Primzahlpotenzgrad. Arch. d. Math. **5** (1954). (23, 24, 25)

[13] E. HECKE, Eine neue Art von Zetafunktionen und ihre Beziehungen zur Verteilung der Primzahlen. Math. Zeitschr. **1** (1918), 357—376, **6** (1920), 11—51. (41, 45, 46, 49, 50, 51)

[14] W. KRULL, Allgemeine Bewertungstheorie. Journ. r. a. Math. **167** (1931), 160—196. (14)

[15a] E. KUMMER, Über die Zerlegung der aus Wurzeln der Einheit gebildeten complexen Zahlen in ihre Primfactoren. Journ. r. a. Math. **35** (1847). 327—367. (40)

[15b] E. KUMMER, Mémoire sur la théorie des nombres complexes composés de racines de l'unité et des nombres entiers. Journ. de Math. **16** (1851). 377—498. (40)

[15c] E. KUMMER, Über die Ergänzungssätze zu den allgemeinen Reziprozitätsgesetzen. Journ. r. a. Math. **44** (1852), 93—146. (40)

[16] E. LAMPRECHT, Zetafunktionen symmetrisch-erzeugbarer arithmetischer Funktionenkörper mehrerer Veränderlichen. (17)

[16a] M. LERCH, Zur Theorie des Fermatschen Quotienten $\frac{a^{p-1}-1}{p} = q(a)$. Math. Ann. 60 (1905), 471—490. — Siehe auch P. BACHMANN, Niedere Zahlentheorie. I. Leipzig 1902, 159ff. (64)

[1]) Die eingeklammerten Zahlen hinter den Zitaten bezeichnen die Seiten dieser Abhandlung, auf denen die einzelnen Arbeiten zitiert werden.

[17] A. OSTROWSKI, Untersuchungen zur arithmetischen Theorie der Körper. (Die Theorie der Teilbarkeit in allgemeinen Körpern.) Math. Zeitschr. **39** (1934), 269—404. (10)

[18] P. ROQUETTE, Riemannsche Vermutung in Funktionenkörpern. Arch. d. Math. **4** (1953), 5—16. (15, 17)

[19] P. ROQUETTE, Arithmetischer Beweis der Riemannschen Vermutung in Kongruenzfunktionenkörpern beliebigen Geschlechts. Journ. r. a. Math. **191** (1953), 199—252. (15, 17)

[20] P. ROQUETTE, Arithmetische Untersuchung des Abelschen Funktionenkörpers, der einem algebraischen Funktionenkörper höheren Geschlechts zugeordnet ist. Abh. Math. Sem. Hamburg **18** (1952), 144—178. (15)

[21] L. STICKELBERGER, Über eine Verallgemeinerung der Kreisteilung. Math. Ann. **37** (1890), 321—367. (39)

[22] A. WEIL, Sur les courbes algébriques et les variétés qui s'en déduisent. Actual. Scientif. Industr. **1041** (1948). (17)

[23] A. WEIL, Numbers of solutions of equations in finite fields. Bull. Amer. Math. Soc. **55** (1949), 497—508. (16, 18, 33)

[24] A. WEIL, Sur la théorie du corps de classes. Journ. Math. Soc. Japan **3** (1951), 1—35. (42)

[25] A. WEIL, On Jacobi sums as "Grössencharaktere". Transact. Amer. Math. Soc. **73** (1952), 487 bis 495. (5, 17, 41, 53, 55, 59, 68)

Berichtigungen zur Abhandlung

„Gaußsche Summen zu Normalkörpern über endlich-algebraischen Zahlkörpern“

Klasse für Mathematik
und allgemeine Naturwissenschaften, Jahrgang 1952, Nr. 1

Seite 6, Zeile 16 von oben lies $\mathfrak{D}_{\mathfrak{q}}(\mathsf{\Lambda}/\mathsf{K})$.

Seite 7, Zeile 23 von oben lies rechts $\bar{\mathfrak{f}}(\psi, \mathsf{N}/\mathsf{\Lambda})$.

Seite 10, Zeile 3 von oben lies $\mathsf{N}/\mathsf{K}))$.

Zeile 3 von unten fehlt Schlußpunkt.

Seite 14, Zeile 14 von unten lies $\tau(\chi, \mathsf{N}/\mathsf{K})$.

Seite 15, Zeile 2 von oben lies $\bar{\mathfrak{f}}_{\Lambda}(\psi)$.

Seite 17, Zeile 11 von oben lies Explizit.

Literatur (S. 19) ergänze:

[7] Journ. reine angew. Math. **190** (1952), 148—168.

[8] Allgemeine Theorie der Gaußschen Summen in endlichen kommutativen Ringen. Math. Nachr. **9** (1953), 149—196.